Inhalt

Vorwort 4
Einführung 1 7
Einführung 2 18
Getriebebauarten 25
Kupplung 1 34
Kupplung 2 42
Kupplungstausch 54
Schwungrad 1 65
Schwungrad 2 69
Grundlagen 1 75
Grundlagen 2 86
Grundlagen 3 95
Synchronisation 101
Schaltung 111
Lenkradschaltung 118
Schaltklauengetriebe 125
Lamellenkupplung 134
Halbautomatik 147
Doppelkupplungsgetriebe 156
Ölspülung? 168

16 Gänge	173
Classic US-Truck 1	188
Classic US-Truck 2	192
Wandler	194
Planeten 1	208
Planeten 2	217
Hydraulik	228
Schubgliederband	236
Steuerung	243
Automatikgetriebe	252
Elektrifizierung	257
eDrive	262
Multi-Mode	265
Lückentext	268
Lösung	285
Stichworte	289
Wenn Ihnen . . .	292
Alle gedruckten Bücher	292

▯ ▎▎▎ Vorwort

Unscheinbar verrichtet es seinen Dienst. Nachdem die wichtigsten Entwicklungsschritte überwunden waren, gab es eigentlich nur zwei Varianten, Schalten von Hand und automatisch. Mehr, wie z.B. die Anzahl der Gänge war zu der Zeit nicht wählbar.

Und plötzlich, so langsam gegen Ende des Verbrennungsmotors, stehen Getriebe wieder im Focus. Gangzahlen bis 10 beim Pkw sind möglich, beim Lkw bis zu 16 und evtl. sogar mehr. Man kann von Hand, halb- und vollautomatisch schalten, letzeres sogar auf der Basis von verschiebbaren Zahnrädern mit zentraler/n Kupplung(en) oder von Planetengetrieben mit Kupplungen fast für jeden Gang.

Und man fährt schließlich, hauptsächlich entlang der maximalen Zugkraftkurve und spart dabei Kraftstoff und Nerven. Oder man benutzt immer den gleichen Gang, schaltet also weder von Hand noch elektrisch, weil man von einem Elektromotor angetrieben wird. Bevor also das Getriebe in seinen vielen Varianten verschwindet, dreht es noch einmal so richtig auf.

Kraftstoffersparnis und Bedienungserleichterung sind die Motive, die in den Achtzigern des vorigen Jahrhunderts das Handschaltgetriebe und den Planetenautomaten verändern halfen. Letztere wurden zuerst in der Steuerung optimiert, indem die elektronische die hydraulische ablöste. Das ergab mehr Möglichkeiten, später auch in Vernetzung mit dem Motor.

Die stufenlose Automatik hat dann z.B. in Europa kurz ihr Debut gegeben, traf aber hier so gut wie nie auf Gegenliebe. Zu sehr ist man an eine bestimmte Synchronität von Motordrehzahl und Fahrgeschwindigkeit gewöhnt. Versuche, diesen Typ der Automatik nachträglich mit Stufen zu versehen, erwiesen sich als kontraproduktiv. Plötzlich war der eigentliche Vorteil abhandengekommen. Neu ist der Versuch von Toyota, beides in einem Getriebe zu realisieren, abhängig von der Gaspedalstellung.

Viel besser erging es dem Getriebe mit Doppelkupplung. Trotz höherem Aufwand obsiegte es gegenüber dem einfachen sequentiellen Getriebe. Zu verlockend die Chance auf Schalten ohne Unterbrechung des Kraftflusses. Der eigentliche Durchbruch erfolgte beim Quermotor, ist in der Anwendung inzwischen auch auf den Längsmotor übertragen worden. Aber auch hier gibt es, z.B. bei Lamborghini, Konkurrenz von einem neuartigen sequentiellen Getriebe. Etwas gestoppt ist die Euphorie insgesamt, weil das Schalten offensichtlich nicht ganz so weich wie bei der Wandlerautomatik erfolgen kann, ohne an Sportlichkeit zu verlieren.

Letztere hat sich dann auch deutlich verändert. Die Zahl der Gänge stieg zunächst ohne viel größeren Bauaufwand. Und dann kam auch noch die Überbrückungskupplung hinzu, die, inzwischen mit mehr Scheiben versehen, offensichtlich Sprit sparen kann, ohne dass man es merkt. Der eigentliche Drehmomentwandler wird nur noch zum Anfahren gebraucht. Oft gibt es sogar noch mehr als einen Schongang. Und da man sie beim Längsmotor problemlos verlängern kann, kommt inzwischen der E-Motor hinzu, was relativ unspektakulär einen Hybrid ergibt.

kfz-tech.de/YGt3

▢▥ Einführung 1

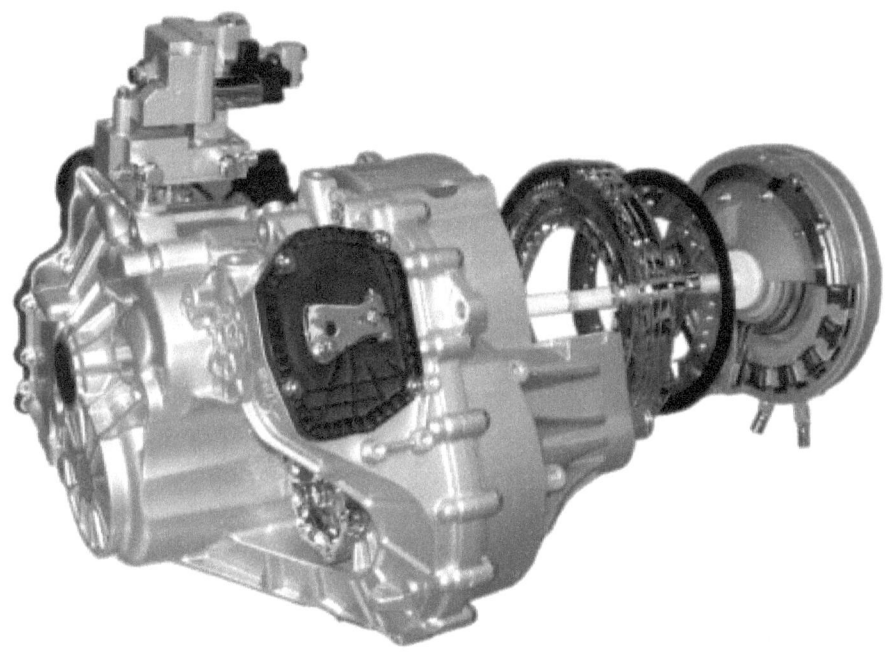

Fahrzeuge mit Elektromotoren als Antriebe haben keine Getriebe, denkt man, und macht bei den Daten hinter 'Getriebe' einen Strich. Das ist natürlich nicht korrekt, denn gerade der E-Motor passt mit seinen bevorzugten Drehzahlen so gar nicht zu den Bedürfnissen eines Kraftfahrzeugs. Er braucht in der Regel sogar zwei Zahnradsätze mit jeweils einem kleinen treibenden und einem großen getriebenen Zahnrad.

Ein Getriebe mit 'nur' einem Gang muss natürlich trotzdem als solches bezeichnet werden. Andernfalls wäre es ein 'Wechsel-' oder 'Schaltgetriebe'. Wird dieses ausschließlich von Hand geschaltet, handelt es sich um ein 'Handschaltgetriebe'. Auch der Achsantrieb mit z.B. Kegel- und Tellerrad ist also ein Getriebe, das hier die Aufgabe hat, Drehmoment und Drehzahlen den Anforderungen anzupassen.

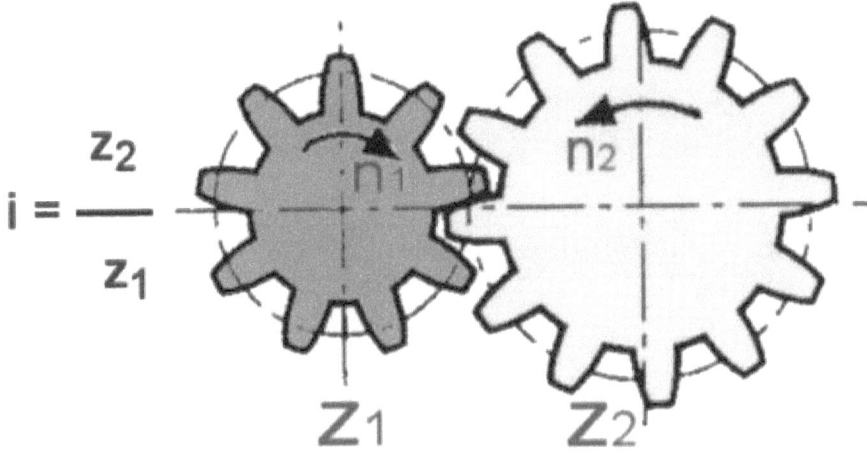

Das wären dann Getriebe mit einem stets gleich bleibenden Verhältnis von Abtriebs- zu Antriebsdrehzahl, dem Übersetzungsverhältnis i. Die heutzutage im Kraftfahrzeug arbeitenden Getriebe sind meist formschlüssig, früher gab es auch kraftschlüssige, Stichwort: 'Reibradgetriebe'. Man müsste allerdings dem Thema 'Getriebe' auch die allermeisten Riementriebe zuordnen, sofern dort eine Übersetzung stattfindet. Auch die arbeiten kraftschlüssig.

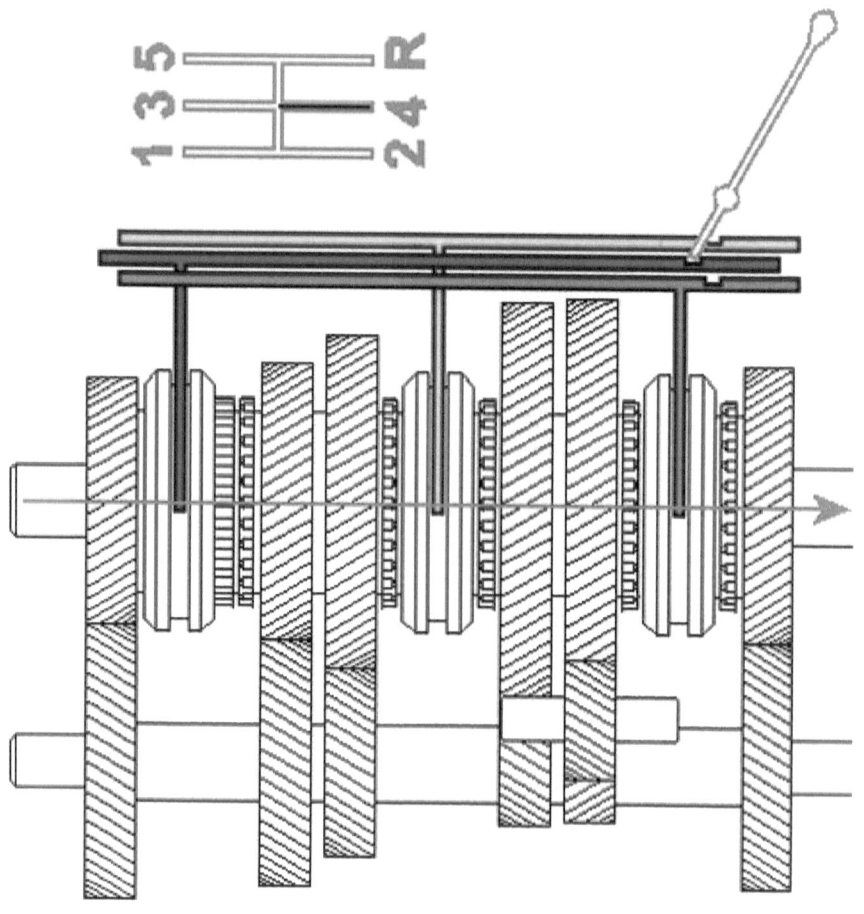

Und selbst das wäre nicht korrekt, denn es gibt auch (Schalt-) Getriebe, bei denen ein Gang ein Übersetzungsverhältnis von 1 (Bild oben) hat, also praktisch keine Übersetzung stattfindet. Man nennt solche auch 'direkten Gang'. Übersetzungsverhältnisse können auch durch sogenannte 'Hydro-' oder 'Fluidgetriebe' hergestellt werden. Hydrostatische arbeiten mit hohem Druck und niedriger Fließgeschwindigkeit, hydrodynamische mit geringerem Druck und höherer Fließgeschwindigkeit.

Hydrostatische Antriebe finden sich beispielsweise beim Bagger (Bild oben), dessen Diesel (-elektrischer) Druckerzeuger auf einem drehbaren Gestell angeordnet ist und der trotzdem die Räder oder Ketten antreiben muss. Gute Beispiele für Hydrodynamik am Kraftfahrzeug sind die hydraulische Kupplung und der Drehmomentwandler. Bei letzterem kann man z.B. die Funktion als Getriebe auch daran ablesen, dass er eine Gangstufe des nachfolgenden Getriebes ersetzen kann.

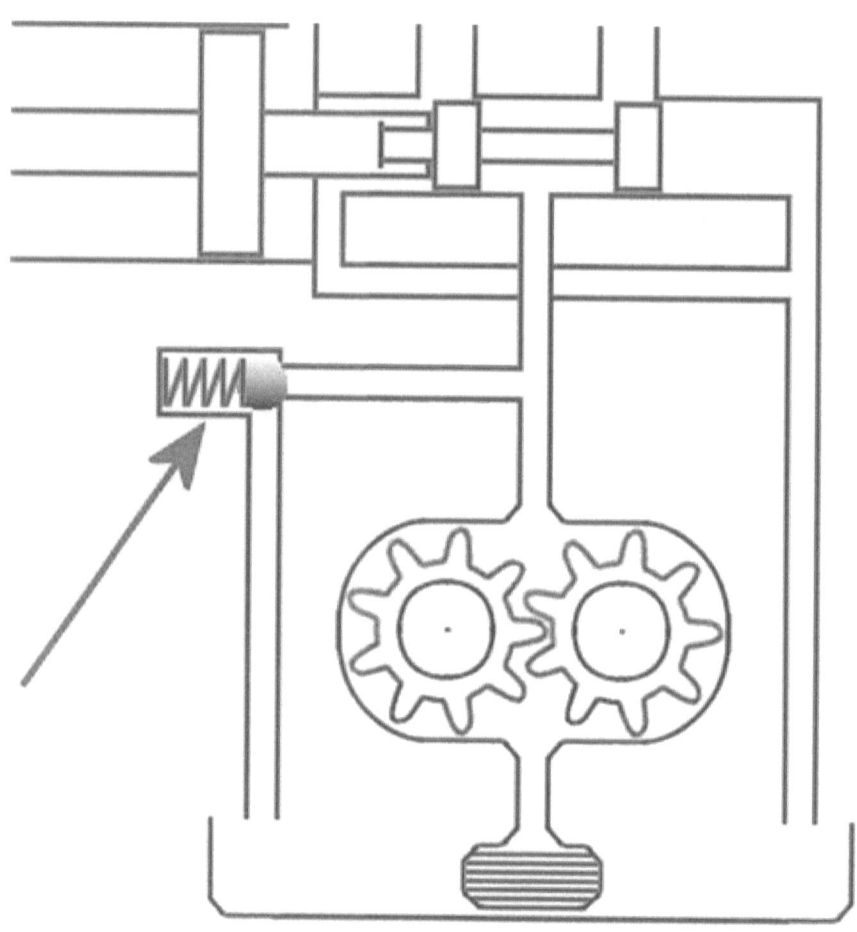

Diese Art von Getrieben wird häufig mit einem Überlastschutz ausgerüstet. Bei Drehmomentwandlern kann man die Temperatur über Sensoren aufnehmen und entsprechend den Antriebsmotor anweisen, sein Drehmoment zurückzunehmen. Im Falle von Hydrostatik ist sogar ein Überlastventil (Bild oben) möglich, das Druckspitzen abfängt. Bei hydraulischen Antrieben sind variable und auch besonders große Übersetzungen möglich.

Im Gegensatz zu Rädergetrieben ist bei hydrostatisch wirksamen die Übersetzungsfunktion zumindest von außen (Bild oben) kaum erkennbar, weil sie oft nur durch aufeinander zugeschnittene Zylinder- bzw- Kolbenquerschnitte realisiert wird. Bei hydrodynamischen Getrieben müsste man schon die einzelnen Drehzahlen bzw. Drehmomente messen, um Übersetzungen erkennen zu können.

Vielleicht spricht man ja den Getrieben bei Elektromotoren im Gegensatz zu denen an Verbrennern die Existenzberechtigung ab, weil sie dort kaum als solche zu erkennen sind. Das könnte u.a. an der Kupplung liegen, die beim Verbrenner stets Motor und Getriebe trennt. Der E-Motor braucht eine solche nicht, was seine Bauweise zusammen mit dem Eingang-Getriebe deutlich kompakter macht.

In Fahrzeugantrieben sind die Getriebe in puncto Drehmoment sehr gering belastet, wenn Sie das mit industriellen Belastungen vergleichen. Kfz-nah mag dabei der Schredder oder sogar die Presse sein, die in relativ kurzer Zeit aus einer Karosserie ein einigermaßen handliches Paket macht. Man sieht es auch an der Verlangsamung der vermutlich recht schnellen Bewegung des Pressen-Antriebs, dass hier große Kräfte erzeugt werden.

Man spricht von 50.000 bis 100.000 Nm Drehmoment. Auf das Kraftfahrzeug übertragen bedeutet das, beim Pkw werden vielleicht sehr gute 500 Nm vervierfacht, beim Lkw ebensolche 1.600 Nm verzehnfacht. Auch wenn dieser Faktor bei besonderer Langsamfahrt noch höher wird, an die oben genannten kommt er nicht heran.

Allerdings dürfen wir bei dem Überblick über die Getriebe auch nicht die vielen kleinen Helferlein vergessen, die E-Motoren dazu befähigen, z.B. die Heckklappe zu öffnen, die Schiebetüre zu schließen, den Außenspiegel einzuklappen oder den Sitz zu verstellen. Man fasst sie unter dem Begriff 'Servogetriebe' zusammen, mehr auf große Übersetzung als auf hohes Drehmoment ausgelegt.

Gerade in letzter Zeit wird das Baukastensystem von Getrieben deutlich. Am besten eignen sich dazu Automatikgetriebe, mehrheitlich von Zulieferern gefertigt. Seit dort auch noch ein elektrischer Antrieb möglich ist, sind z.T. Hybridlösungen allein oder kombiniert mit Drehmomentwandler und gleichzeitig unterschiedlich vielen Gängen und wenn nötig das alles noch in ein und demselben Gehäuse möglich.

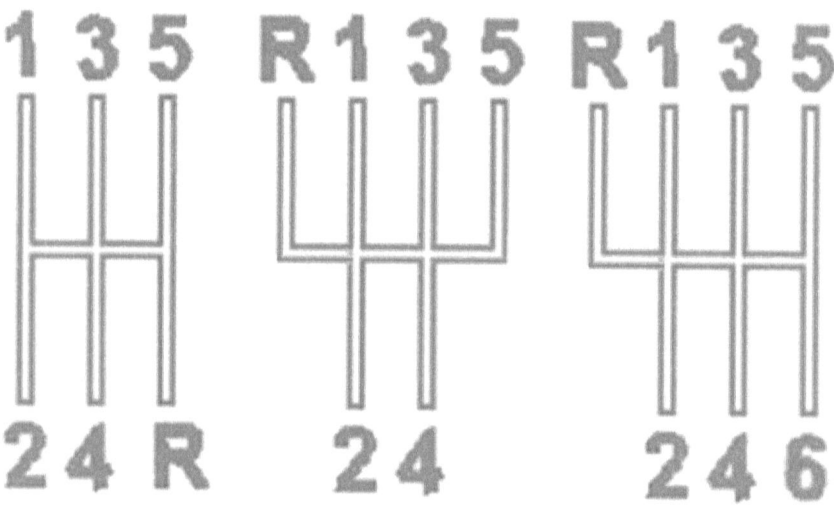

So kann es auch sein, dass ein bestimmter Typ Schaltgetriebe für den schwächeren Motor überdimensioniert ist, nur weil er für eine bestimmte Palette von Motoren konzipiert wurde. Auch die Schaltschemata von Handschaltgetrieben haben sich längst vereinheitlicht. Vorbei die Zeiten, wo man vor einer möglichen Rückwärtsfahrt auf dem Schaltknauf das Schaltschema studieren musste.

Schaltgetriebe lassen sich grundsätzlich unterscheiden nach der Lage von An- und Abtriebswelle. Geht erstere scheinbar gerade durch, sprechen wir von einem 'Koaxialgetriebe', ist die Abtriebswelle um einen Zahnraddurchmesser versetzt, von einem 'Parallelwellengetriebe'. Und bilden beide Wellen einen Winkel von 90°, wird das durch ein Winkelgetriebe ermöglicht. Natürlich ist ein Koaxialgetriebe, sofern nicht mit Planetensätzen ausgerüstet, innendrin ein Parallelwellengetriebe.

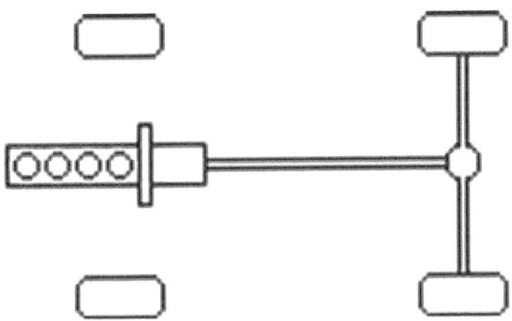

Im Kraftfahrzeug kann man diese Bauarten sehr gut zuordnen. Da ist zunächst das Winkelgetriebe an der Antriebsachse, aber nur, wenn der Motor längs angeordnet ist. Ein Koaxialgetriebe gibt es in der Regel bei der immer noch als 'Standardantrieb' (Bild oben) bezeichneten Formation von Frontmotor mit Hinterradantrieb. Und parallele Wellen gibt es bei allen anderen Anordnungen, egal ob Front- oder Hinterradantrieb, längs oder quer, Hauptsache, dem Motor folgt erst der Achsantrieb und dann das Getriebe (Bild unten).

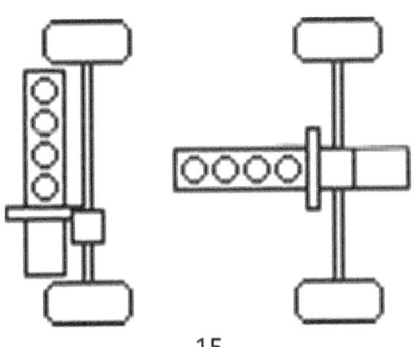

Althergebrachte und sehr moderne Ausgleichsgetriebe sind ein guter Spiegel für Kegel- und Stirnradgetriebe (Bild unten), letztere mit einer deutlichen Platzersparnis. Dass Stirnräder auch ihre Verzahnung nach innen tragen können, zeigt sich bei Planetensätzen. Dort werden sie dann Hohlrad genannt und können durchaus auch zwei Planetensätze überspannen bzw. verbinden. Der herkömmliche Anlasser ist ein gutes Beispiel dafür, wie platzsparend auch so ein Planetensatz sein kann.

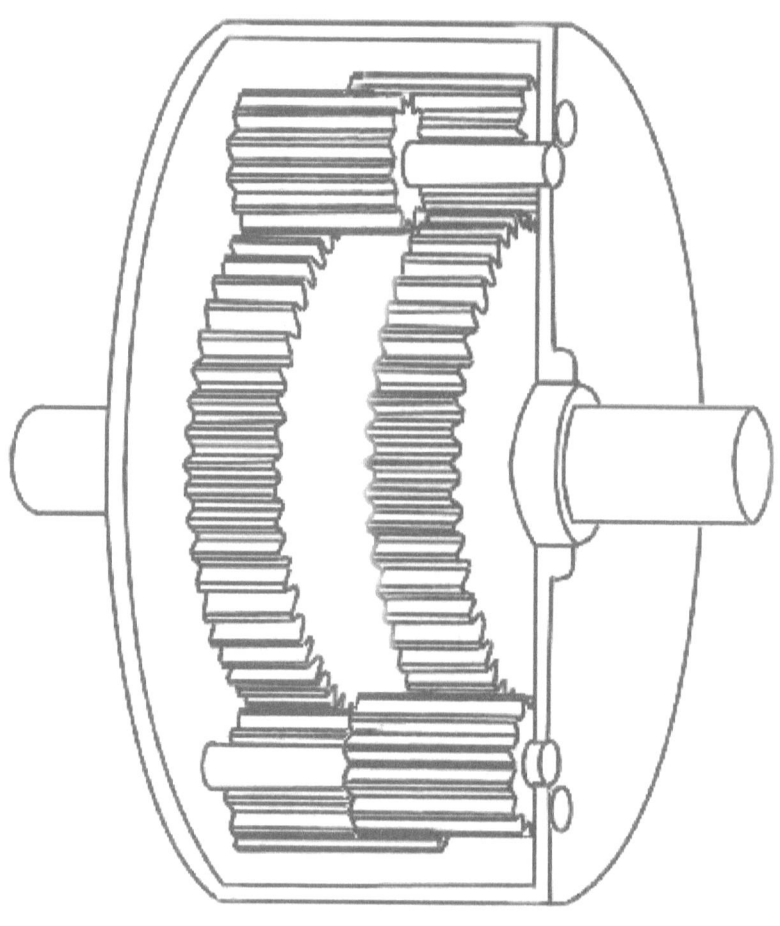

Das wird auch bei Parallelwellengetrieben versucht. Weil, wie schon erwähnt, der E-Antrieb oft zwei übersetzende Zahnradpaare braucht, werden diese nicht nebeneinander platziert, sondern die zweiten zurück auf die Ursprungswelle geleitet. Dazu muss die Ankerwelle des Motors hohl sein und das Drehmoment durch sie hindurch auf die andere Seite. Der Elektromotor wird fast zum Mittelmotor.

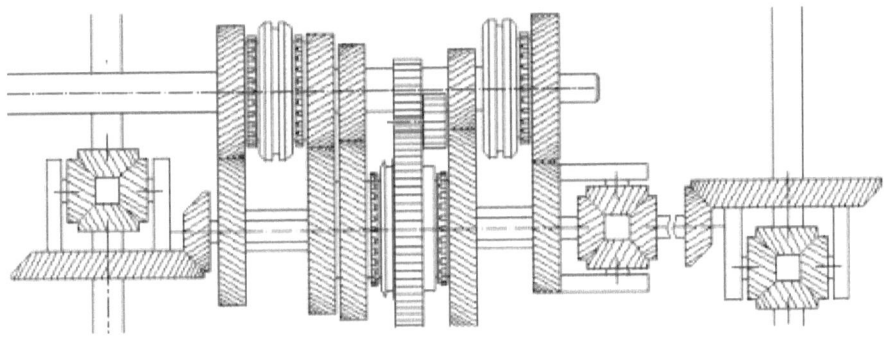

Vermutlich könnte man auch über Hohlwellen ein komplettes Kapitel oder ein Buch schreiben. Im Kfz-Bereich erlangten sie eine besondere Bedeutung, als man sich bei Audi entschloss, den sogenannten quattro-Antrieb (Bild oben) zu realisieren. In der ersten Stufe waren Vorder- und Hinterachse starr miteinander verbunden. Erst beim zweiten Anlauf, durch eine Welle in der Abtriebswelle, gelang es, ein Mittendifferenzial zu installieren.

kfz-tech.de/YGt4

⃞▊▎▎ Einführung 2

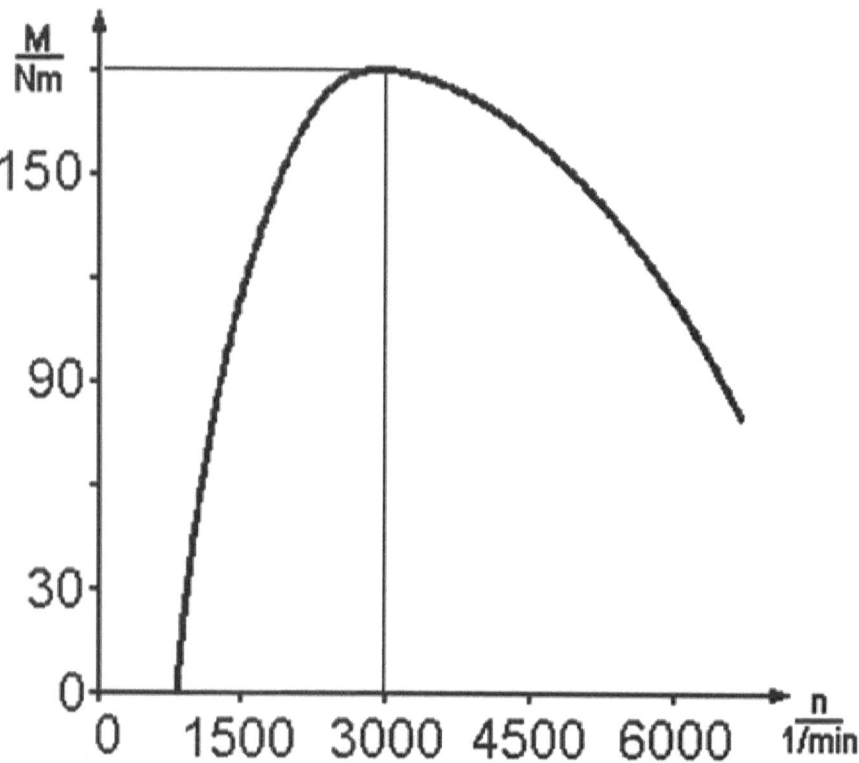

Natürlich muss die erste Frage lauten, ob jeder Verbrennungsmotor ein Getriebe braucht und wenn ja, welches die Gründe dafür sind. Die erste Frage beantworten wir mit einem gedachten Experiment. Wir nehmen einen möglichst nicht sehr starken Verbrennungsmotor und hängen statt eines Handschaltgetriebes einen einfachen Zahnradtrieb dahinter.

Überhaupt sinnvoll wäre so eine Art Rasentraktor mit einer deutlich begrenzten Höchstgeschwindigkeit. Er nutzt also die Leistung bzw. das Drehmoment des Motors nicht, um eine möglichst große Höchstgeschwindigkeit zu erreichen, sondern auch evtl. sehr steile Wiesengrundstücke befahren zu können.

Natürlich braucht so ein Gefährt eine einrückbare Kupplung, denn Losfahren gemeinsam mit dem Motorstart darf es nicht. Und trotzdem könnte es sein, dass man beim Fahren mit dieser Konstruktion nicht ganz glücklich wird. Denn auch ein kleiner Verbrennungsmotor verteilt sein Drehmoment je nach Drehzahl unterschiedlich. Fahren Sie also im Garten eine kurze Steigung hinauf und möchten Sie das sinnvollerweise langsam bewerkstelligen, kann es Probleme geben.

Der Motor bockt, weil er bei so wenig Gas für die Steigung zu wenig Drehmoment hat. Es würde vollkommen ausreichen, wenn man die Steigung deutlich schneller anginge, aber da wäre der Stoß für Mensch und Maschine zu hart. So ähnlich ist es auch bei (richtigen) Geländewagen. Da gibt es einen sogenannten Geländegang, der sich etwas eigenartig anfühlt. Mit viel Drehzahl des Motors und bisweilen auch Geräusch vermutet man eine gewisse fortgeschrittene Geschwindigkeit, aber das Auto kriecht geradezu den steilen Berg hoch.

Noch interessanter ist es, wenn sich alle vier Räder eingegraben haben. Da nutzt oft ein normaler erster Gang überhaupt nichts. Es wird dann viel Gas gegeben und wenn man die Kupplung kommen lässt, sinkt die Motordrehzahl und von den tollen 180 Nm bei 3000/min im Bild oben bleiben nur noch 30 oder noch weniger übrig. Daraus lernen wir, dass es immer einen untersten Gang geben muss, der einen aus heiklen Situationen rettet.

Beispiel im normalen Straßenverkehr: Ihr Fahrzeug ist für einen Wohnanhänger zugelassen, der so gerade unter dem gesetzlichen Limit bleibt, was Ihre Familie mitnehmen will. Auf der Autobahn geht das gut und Landstraßen sind kein Problem. Sie probieren sogar eine steilere Passstraße und auch die schafft das Gefährt. Dann kommt ein ähnlicher Pass, wo sie wegen den vor ihnen Fahrenden mitten in der größten Steigung anhalten müssen.

Am besten zählen Sie schon einmal das Geld in der Urlaubskasse, denn das kann teuer werden. Kaum jemand hat genug Erfahrung, hier wieder anzufahren, ohne die Kupplung zu ruinieren. Man neigt nämlich dazu, diese nicht überlasten zu wollen und lässt sie auch im Druckpunkt langsam kommen. Das geht so lange gut, bis es selbst im Auto zu stinken anfängt. Spätestens jetzt können Sie einen etwas größeren Betrag für eine neue Kupplung einplanen.

Eine winzige Chance hätten Sie gehabt, wenn Sie die Kupplung in vertretbaren Grenzen schnell kommen lassen und sollte es vorangehen, möglichst nicht wieder zu berühren. Sie hätten auch den Stau auf einem relativ flachen Straßenstück abwarten können oder, vermutlich unlösbar in der Realität, dahin zurückrollen können. Aber jetzt wissen Sie, warum für die zulässige Anhängelast Steigungen angegeben sind, die man bei durchgehender Fahrt spielend schafft.

Wie sind die Testkriterien beim Hersteller und ohne Anhänger? Ganz einfach: Ein Anfahren muss auf einer bestimmten Steigung mit vier Personen und Gepäck problemlos möglich sein. Das wäre dann der geeignete erste Gang. In der Praxis benötigt man diesen nur für etwa eine Wagenlänge. Er macht beim Losfahren an der Ampel wiederum nur Sinn, um die Kupplung zu schonen. Danach möglichst rasch schaltend in den für die Verkehrssituation möglichen höchsten Gang.

Und der höchste Gang, wie findet man den? Da wird die Sache schon verzwickter. Bei nur vier Gängen war das einfacher. Da sollte das Auto seine Katalogwerte erreichen. Wenn also die höchste Leistung bei 6000/min erreicht wurde, sollte die auf ebener Straße auch im vierten Gang erreicht werden. Das war dann die Höchstgeschwindigkeit. Basta. Natürlich war klar, dass man so nicht stundenlang fahren konnte, weil das die Lebensdauer des Motors beeinträchtigt hätte. Aber man musste sich keine Sorgen machen, die Verkehrverhältnisse waren noch längst nicht mit den heutigen vergleichbar.

Wann immer man von dieser Übersetzung auf v_{max} abweicht, beeinflusst das die Höchstgeschwindigkeit negativ. Überdreht man den Motor leicht, ist das gut für die Beschleunigung dorthin. Erreicht der Motor seine Nenndrehzahl (Drehzahl der höchsten Leistung) nicht, spricht man von einem Schongang. Allerdings besteht bei diesem die Möglichkeit, bei längeren Bergabfahrten noch höhere als die bisherige Höchstgeschwindigkeit zu erreichen.

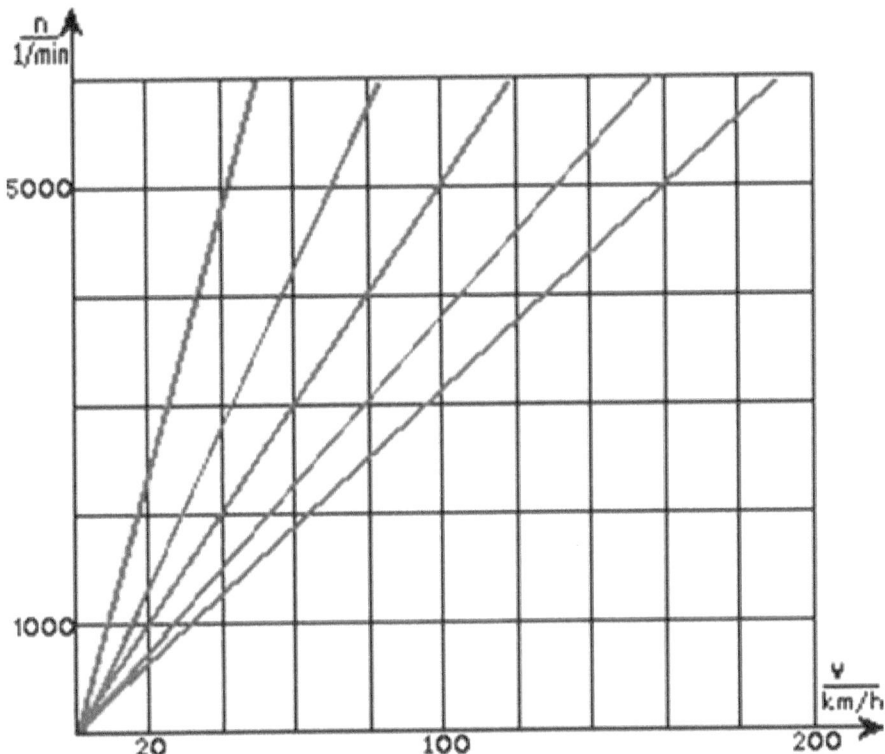

Und so gab es spätestens mit den ersten Fünfganggetrieben zwei Auslegungen: Zum guten Beschleunigen und sportlichen Fahren wurde aus dem ehemals auf v_{max} ausgelegten vierten Gang jetzt der fünfte und die neuen Gänge 2 bis 4 wurden jetzt enger gestuft zwischen 1 und 5 sortiert (Bild oben). Oder für die Spritsparer, Motorschoner und Geräuschempfindlichen: Die vier Gänge blieben erhalten und der fünfte wurde im Prinzip als Schongang darüber gelegt (Bild unten).

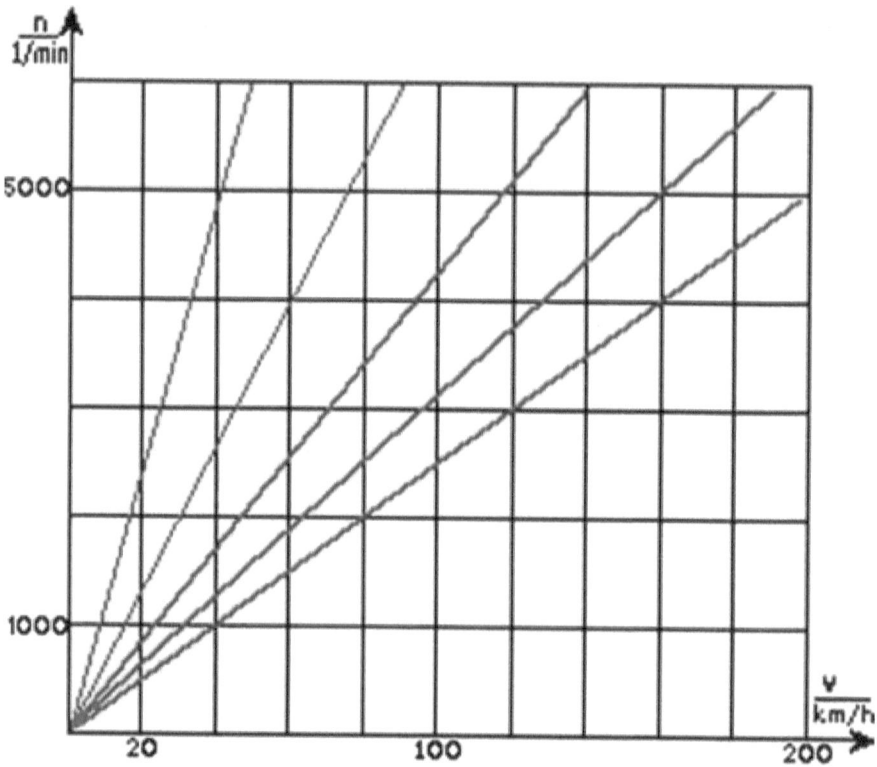

Wenn es um die Frage geht, wie denn die Gänge dazwischen ausgelegt werden, greifen wir das in dieser Hinsicht schwierigere Diagramm mit den großen Gangsprüngen heraus und stellen es unten noch einmal dar. Hier sehen Sie dann, dass trotz vom Winkel her relativ gleichmäßiger Abstände zwischen den ersten vier Gängen sich die Drehzahlsprünge doch erheblich unterscheiden. Übrigens rückt der letzte Gang immer etwas näher an den vorletzten heran.

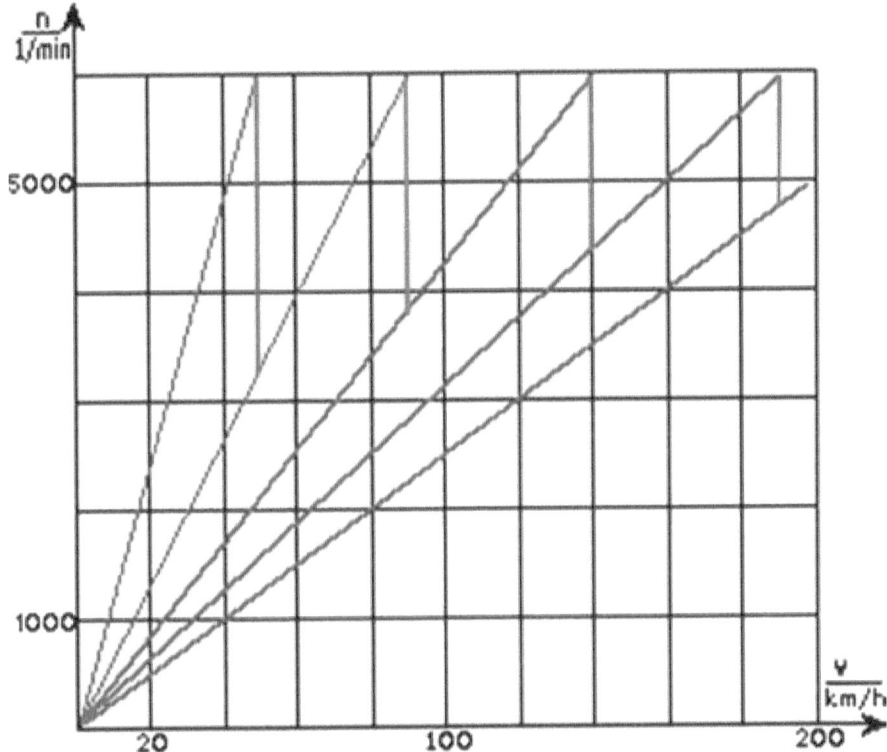

Aber die Drehzahlsprünge gehen von 2700/min zwischen 1. und 2. Gang über 2200/min, 1700/min auf 1200/min zurück. Kommt die Frage auf, was eigentlich der ideale Drehzahlsprung wäre. Der ist aber nur für sportliches Fahren relevant. Spritsparer überspringen in der Ebene oft sogar noch einen Gang, z.B. oben in dem Diagramm den 4., weil das Schalten mehr Sprit kostet, als der Zwischengang bringt.

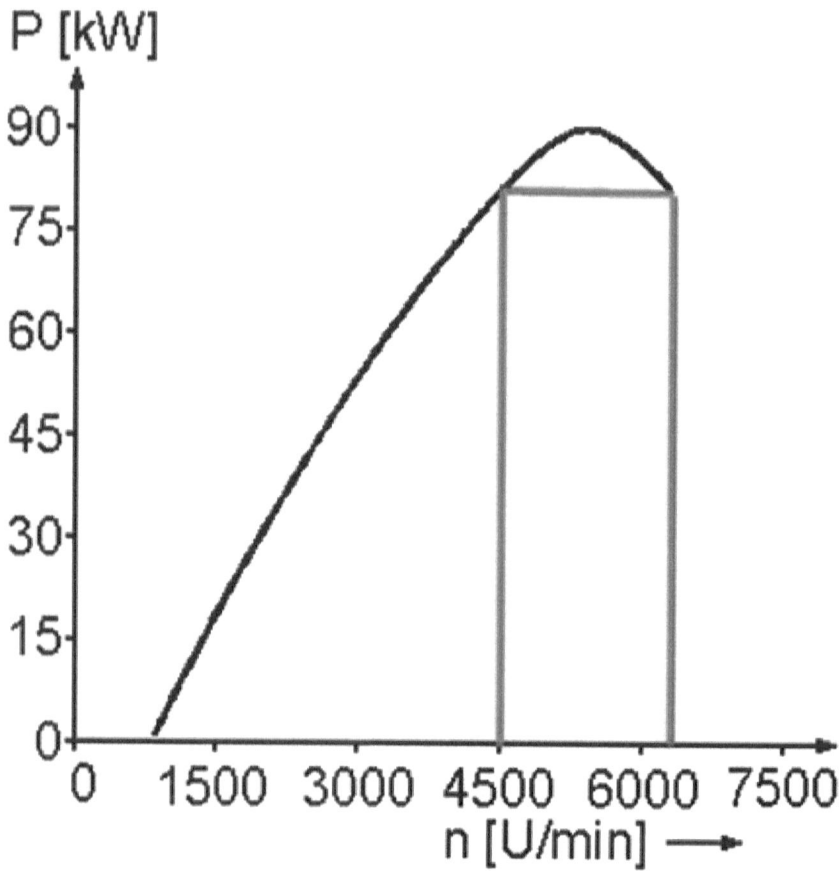

Dieser Motor hat z.B. seine höchste Leistung bei 5400/min. Um ihn ständig im höchst möglichen Leistungsbereich betreiben zu können, wäre ein Getriebe mit zumindest in den oberen Gängen 1800/min Drehzahlunterschied erforderlich. Dann würde man ihn bis zur Enddrehzahl bringen, dann erst schalten und würde niemals unter 80 kW fallen. Ist der Drehzahlsprung kleiner, wie im vorigen Diagramm zwischen 4. und 5. Gang, müsste unbedingt früher geschaltet werden. Ausdrehen der Gänge bringt nicht immer etwas. Es hängt vom Diagramm ab.

Diese Erkenntnisse kann man auf ein Getriebe mit mehr Gängen übertragen.

▢◨|| Getriebebauarten

kfz-tech.de/PGt8

Der ursprüngliche Grund für die Einführung von automatischen Getrieben war wohl eindeutig der größere Komfort. Und dann noch ein Hintergedanke, nämlich mit der wesentlich einfacheren Handhabung des Autofahrens Frauen hinter das Steuer zu locken. Sogar noch 1968 druckt man bei VW die Anleitung für den Käfer mit so einer Bedienungserleichterung ausschließlich mit einer Frau am Lenkrad. Alle anderen Gründe sind nachgeschoben.

Getriebe zu unterscheiden hat ähnliche Qualitäten, wie einen Sack Flöhe zu hüten. Im Prinzip kann man noch nicht einmal sicher sein, in wirklich jedem Getriebe Zahnräder zu finden. Immerhin, es gibt mit kompletten Handschaltern noch immer in etwa das, was dereinst im Zuge der Entwicklung des Automobils erfunden wurde. Egal wo Antrieb oder Abtrieb sich befinden oder wo sie eingebaut sind, sie enthalten immer doppelt so viele Zahnräder, wie sie Gänge haben, den Rückwärtsgang und bestimmte Bauarten beim Lkw nicht mitgerechnet.

Bleiben die Zahnräder dauernd auf voller Breite im Einsatz, so sind sie in der Regel schrägverzahnt (Bild oben). Wird eine Verbindung zwischen zwei Zahnrädern gelöst und erst danach eine andere geschlossen, ist eine Kupplung erforderlich, welche die Zugkraft mindestens so lange unterbricht, bis im Getriebe wieder eine formschlüssige Verbindung vorhanden ist. Hierbei kann zwischen dem ersten Einlegen eines Ganges beim Anfahren und dessen Wechsel unterschieden werden.

Zum Anfahren ist eine größere Kupplung erforderlich als zum Schalten. Wird diese von dem/der Fahrer/in betätigt, sind beide Funktionen in der größeren von beiden vereint. Bei einer Halbautomatik entfällt das Kupplungspedal. Hier wird die kleinere Kupplung durch das Betätigen des Schalthebels betätigt. Bei der größeren kann das durch Fliehkraft geschehen oder sie wird durch eine automatische Kupplung bzw. einen Drehmomentwandler (Bild unten) ersetzt.

kfz-tech.de/PGt9

Vollständig automatisieren lässt sich ein Handschaltgetriebe, indem sämtliche Funktionen durch elektrische, pneumatische oder hydraulische Steller erledigt werden (Bild unten). Dann ist wieder die eine große Kupplung erforderlich, durch den sensibelsten Aktuator benötigt. Hält der die Kupplung lange genug gelöst, können zwei andere den Gang in der richtigen Schaltgasse auswählen. Meist ist hier eine deutliche Unterbrechung der Zugkraft spürbar.

Die wird vermieden, wenn man das Getriebe so aufteilt, dass für die beiden Hälften je eine Kupplung vorhanden ist (Bild unten). Ist die eine gerade geschlossen, bereitet der Getriebeteil der anderen den nächsten Gang vor. Beim Wechsel zwischen beiden Kupplungen kommt es zu einer gewissen Überdeckung, bei der beide die Verbindung nicht vollständig gelöst bzw. geschlossen haben. Man spricht von Schalten ohne Zugkraftunterbrechung.

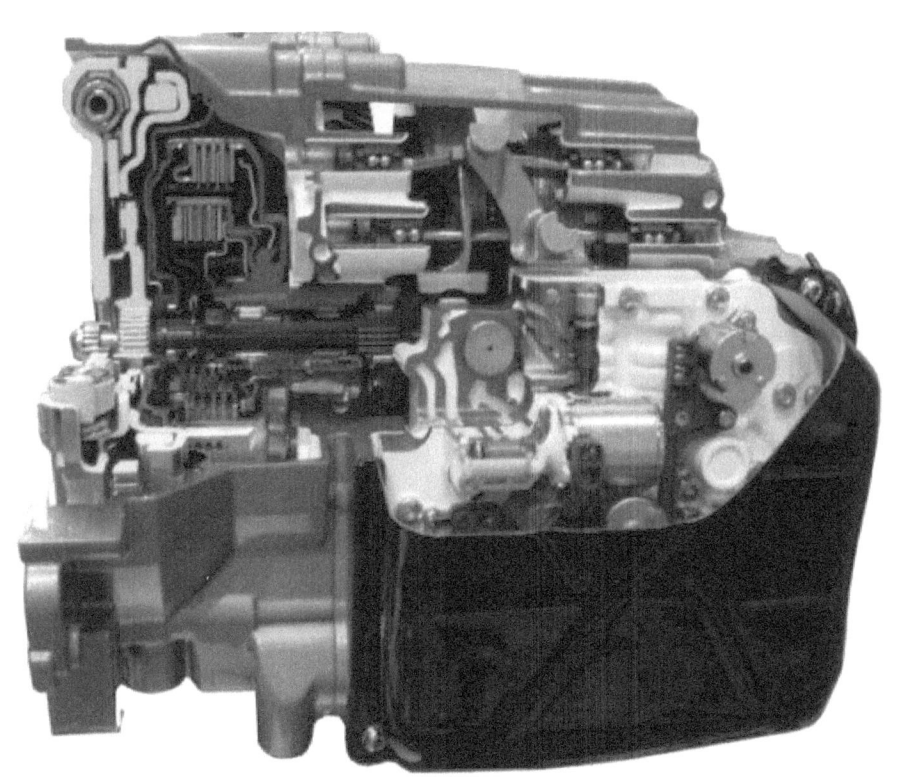

kfz-tech.de/PGt10

Das war jetzt das Direktschalt- oder Doppelkupplungsgetriebe. Man kann es bei starkem Anfahren gut von dem vorher geschilderten sequentiellen Getriebe unterscheiden. Letzteres gehört eindeutig zu den automatisierten Schaltgetrieben, vom ersteren weiß man das nicht so genau, denn es ist ziemlich schwer nur durch Hören von einer echten Vollautomatik zu unterscheiden.

Bei denen ist zunächst einmal immer eine automatische Kupplung oder ein Drehmomentwandler erforderlich. Zu der klassischen, gestuften Automatik gehört mindestens ein Planetensatz, also ein Sonnenrad mit Außenverzahnung in der Mitte und ein viel größeres Hohlrad mit Innenverzahnung drum herum. Dazwischen meist drei oder sogar vier Planetenräder mit Außenverzahnung, die sowohl mit dem Sonnen- als auch mit dem Hohlrad in formschlüssigen Kontakt stehen.

Die Achsen der drei oder vier Räder sind als umlaufender Planetenradträger verbunden. Dieser, das Sonnen- und das Hohlrad können einzeln gebremst oder miteinander verbunden werden. Allein dadurch können schon drei brauchbare Gänge und ein Leerlauf entstehen. Mehrere hintereinander (Bild unten) auch als Teilsätze ergeben heutzutage bis zu zehn Vorwärts- und einen Rückwärtsgang. Geschaltet wird ausschließlich durch Öffnen und Schließen der Verbindungskupplungen.

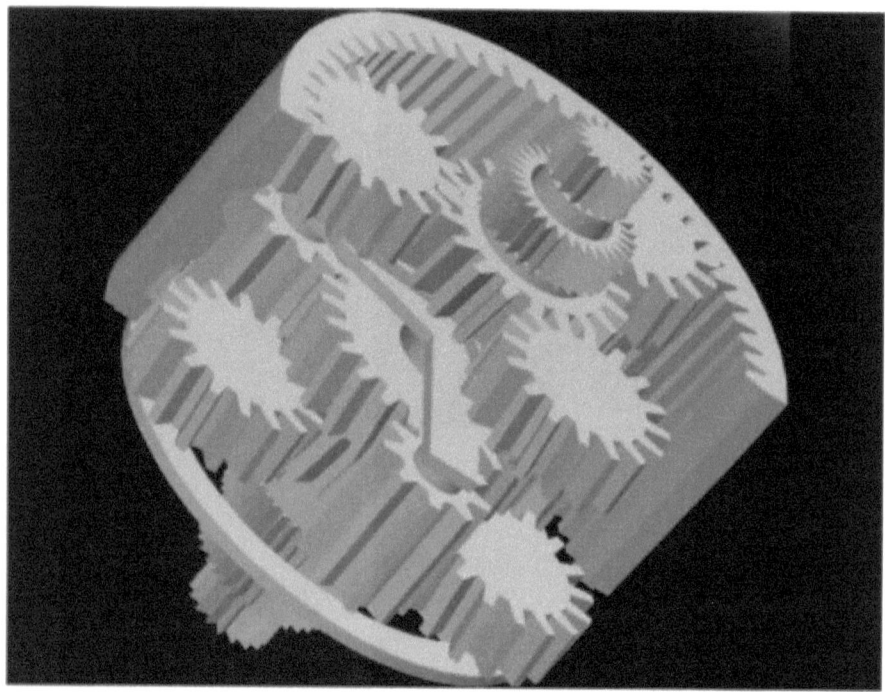

Auch so ein Getriebe schaltet zugkraftfrei, weil wieder die Kupplung des alten Ganges mit der des neuen in ihrer Tätigkeit überlappt. Man erkennt aber den Wandler beim Anfahren an der typischen Voreilung der Motordrehzahl gegenüber dem Zuwachs an Geschwindigkeit. Neuerdings kann der Wandler aber auch z.B. durch eine Mehrscheibenkupplung ersetzt sein, um Platz für einen E-Antrieb zu schaffen.

kfz-tech.de/PGt11

Nicht mehr gestuft und damit entlang der idealen Zugkraftlinie kann ein sogenanntes CVT-Getriebe übersetzen, bei dem im Prinzip der Kraftfluss über zwei im wirksamen Durchmesser veränderbare Scheibenräder geleitet wird, die früher durch Riementrieb, heute durch ineinander gefügte, metallische Kettenglieder (Bild unten) verbunden sind. Die Scheibenräder können auch jeweils aus zwei Kegelradhälften (Bild oben) bestehen, in ihrem Abstand zueinander veränderlich. Wird der eine wirksame Durchmesser größer, muss der andere kleiner werden.

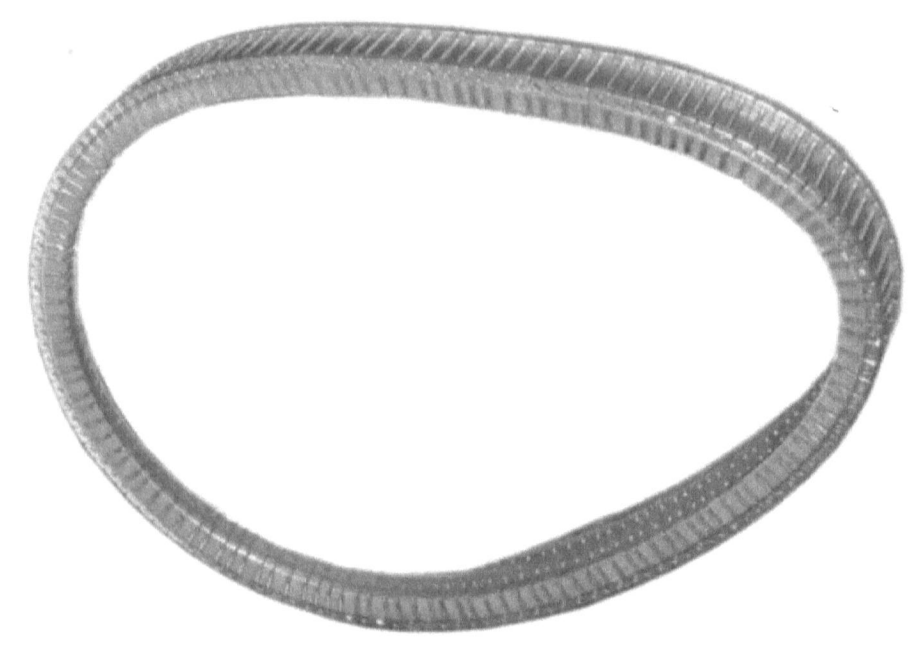

kfz-tech.de/PGt12

Natürlich ist eine Kraftübertragung mit wechselnder Übersetzung noch auf mannigfaltige andere Art möglich, z.B. durch Hydraulik, deren Druck an dem einen Ende der Leitung erzeugt und auf eine veränderliche Art an deren anderem Ende abgegriffen wird. Dabei kann auch die Leitung ganz entfallen. Ein Beispiel wäre der Drehmomentwandler (Bild unten), den man auch als Einganggetriebe bezeichnen könnte. Mit Überbrückungskupplung hätte er dann sogar zwei Gänge.

kfz-tech.de/YGt33

▯▥ Kupplung 1

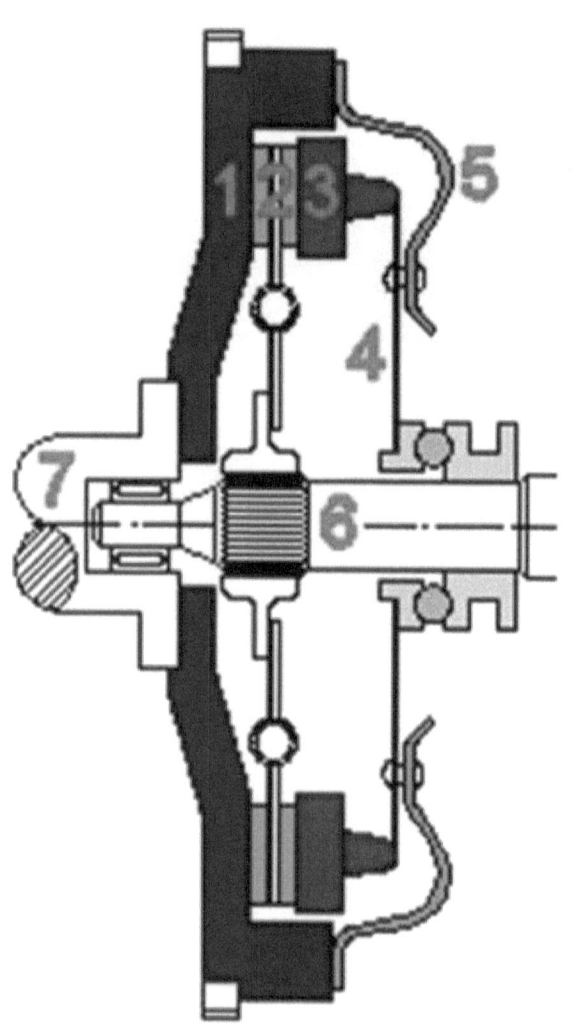

1	Schwungrad
2	Kupplungsscheibe
3	Druckring

4	Membranfeder
5	Kupplungsdeckel
6	Getriebeeingangswelle
7	Kurbelwelle

Ohne eine ganz normale, in dem Fall trockene Reibungskupplung funktioniert ein ganz normales Handschaltgetriebe nicht. So wie das Getriebe auf den begrenzten Drehzahl- und vor allem Drehmomentbereich des Verbrennungsmotors reagieren muss, tut es die Kupplung auf die Tatsache, dass die Übersetzungen gewechselt werden müssen, und zwar geräuschlos und verschleißarm.

Wenn also Motor und Getriebe nicht zu gewissen Situationen voneinander getrennt werden, ist die obige Erwartung schlicht nicht erfüllbar. Wir bleiben jetzt bei dieser Art der Kupplung zusammen mit dem Handschaltgetriebe. Als Situationen, in denen die Kupplung gebraucht wird, nehmen wir das Anfahren und den Gangwechsel, wobei uns egal ist, ob hoch oder runter. Für die Kupplung ist in der Regel eh' das Anfahren die Herausforderung.

Es hat in der Geschichte manche Versuche gegeben, die Kupplung zu automatisieren. Wenn sie bei dieser Gelegenheit in eine Schalt- und eine Anfahrkupplung getrennt wurde, dann war letztere oft doppelt so groß. Man kann es noch etwas genauer sagen: Gerade wenn eingekuppelt wird, hat die Kupplung eher Verschleiß. Und wenn die Getriebeeingangswelle zu Beginn des Einkuppelns stillsteht, den meisten. Also die Situation genau beim Anfahren.

Betätigt wird die hier beschriebene Kupplung durch ein Pedal, dass auch bei rechtsgelenkten Fahrzeugen auf der linken Seite der Pedalerie angeordnet ist. Die Kraftübertragung von dem Pedal zur Kupplung und Getriebe geschieht seltener durch Gestänge, deutlich häufiger durch Seilzug und ab der Mittelklasse inzwischen fast ausschließlich durch Hydraulik (Bild unten). Hierbei sind die Betätigungskräfte ganz einfach am geringsten.

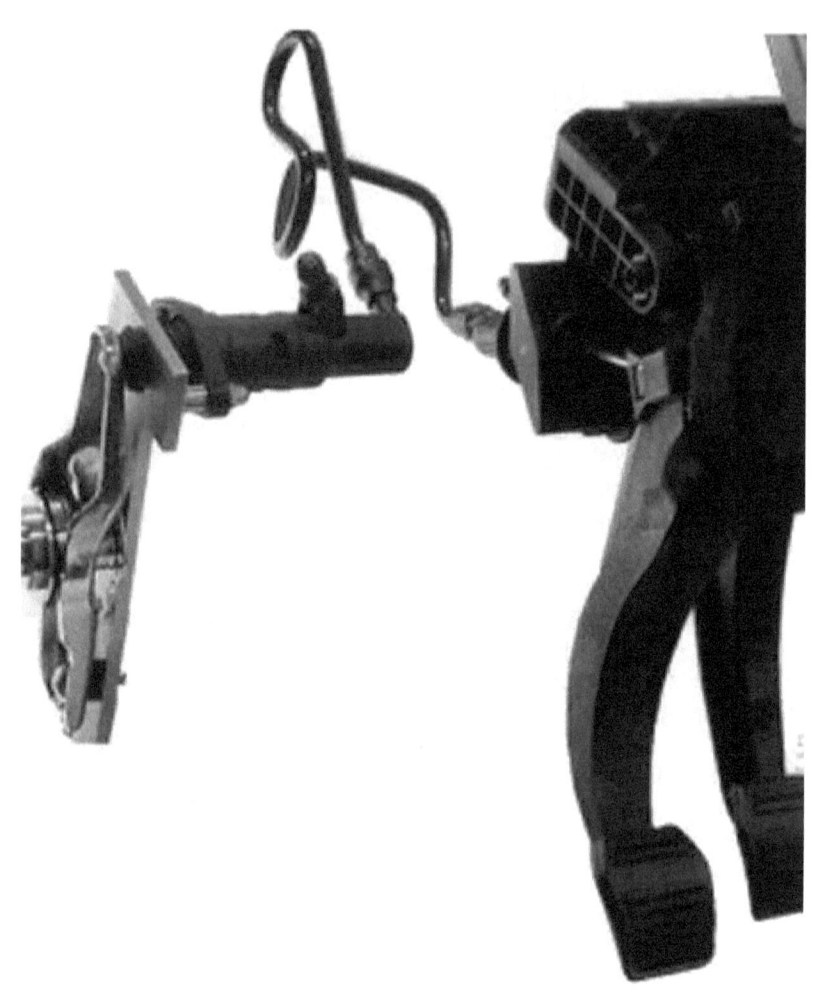

So, was bewirkt denn das Treten des Kupplungspedals? Klar, es trennt Motor und Getriebe. Aber wie trennt es die beiden? Dazu müssten wir uns erst einmal darüber klar werden, wie die beiden denn durch die Kupplung verbunden sind. Wir sprechen hier von einer kraftschlüssigen Verbindung, keiner formschlüssigen, wie sie im anschließenden Handschaltgetriebe vorkommt.

Sie kann und wird in der Regel sehr oft beim Anfahren ein wenig durchrutschen. Wenn das für etwas längere Zeit der Fall ist, dann nennen wir das: die Kupplung 'schleifen' lassen. Das passiert Leuten, die sich nicht entscheiden wollen oder können, ob nun der Motor vom Getriebe getrennt werden soll oder nicht. Das Ergebnis ist oft identisch mit dem, das Gaspedal deutlich zurückzunehmen. Das aber wollen solche Leute oft nicht, weil sie Angst haben, sie könnten den Motor abwürgen.

Dieser bisweilen krasse Gegensatz zwischen Aktivität des Motors und Nicht-Vorankommen bringt unnötigen Lärm und Verbrauch, aber das ist nicht das Schlimmste. Nimmt man solcherart behandelte Kupplungen auseinander, dann sind die innen schwarz vor lauter kleinen Teilchen des Kupplungsbelags, die in einem heißen Fluidum abgeriffelt wurden. Viel zu säubern und nicht nur Verschleißteile, sondern auch alles hitzebelastete neu.

Geschieht ihnen ganz recht, warum fahren sie nicht vernünftig an, nämlich die Kupplung gerade so schnell kommen lassen, dass es nicht ruckt. Ist das etwa zu viel verlangt? Natürlich muss man dies ein wenig üben, nicht selten bei jedem neuen Auto oder vielleicht nach der Kupplungsreparatur auch. Bei vernünftiger Behandlung hält die auch bei häufiger Benutzung ewig.

Früher war aber bisweilen für Frauen eine bei höherer Motorleistung schwergängige Kupplung ein Problem. Nein, nicht bei Oberklasse-Limousinen, die hatten ohnehin Automatik. Das Problem tauchte eher bei Sportwagen auf, und zwar solchen, die ihren Namen verdienten. Auch wurden in solchen Situationen die Kupplungen nicht ganz durchgetreten, zum Leidwesen der Getriebe.

> Ein Getriebe kann lautlos leiden, auch ein modernes.

Sie haben es schon gemerkt, Reibung spielt bei der Kupplung eine große Rolle. Und wenn es keine Helferlein gibt, ist die nötige Pedalkraft zum Lösen der Verbindung in etwa von der Motorleistung abhängig. Das mechanische Übersetzungsverhältnis zwischen dem Kupplungspedal und dem eigentlichen Hebel an der Kupplung lässt sich halt nicht beliebig vergrößern, denn man hat nur einen bestimmten Pedalweg zur Verfügung.

Im Grunde muss man sich zwei Wellen mit je einer Scheibe auf deren Enden vorstellen, eine aus blankem Stahl und eine mit Reibbelag. Sie werden durch eine oder mehrere Federn zusammengedrückt. Im Kraftfahrzeug sind mit der Kurbelwelle allerdings zwei scheibenartige Gebilde verbunden. Dem entsprechend hat die dazwischen angeordnete, mit dem Getriebe verbundene Scheibe beidseitig Reibbeläge (Bild unten).

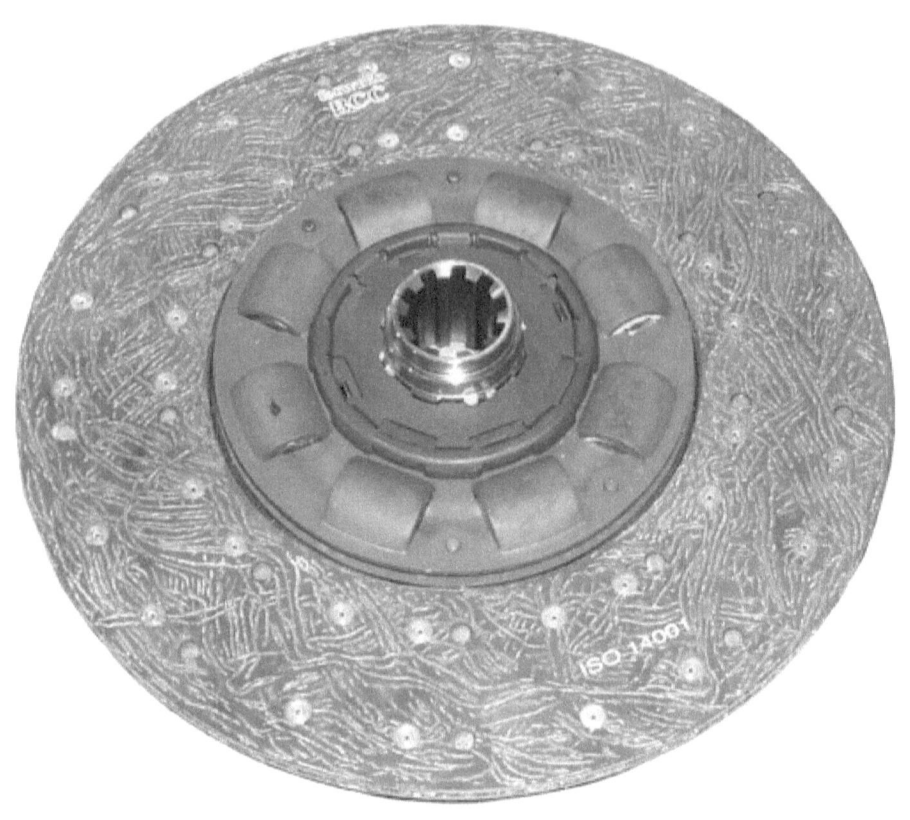

Wegen der groben Verzahnung eher eine Kupplungsscheibe von einem Lkw.

Vereinfacht ausgedrückt: Es muss so viel Drehmoment übertragen werden, dass eine sichere Verbindung offensichtlich nur dann gewährleistet ist, wenn die Scheibe auf der Getriebewelle zwischen die beiden auf der Kurbelwelle eingeklemmt wird. Erstere wird übrigens Kupplungs- oder Mitnehmerscheibe genannt, letztere sind das Schwungrad und der Druckring. Soll die Verbindung gelöst werden, dann muss der Druckring etwas von Schwungrad entfernt werden und die Kupplungsscheibe freigeben.

Sie ahnen es schon, dazu muss die Kupplungsscheibe mit der Getriebewelle zwar drehfest verbunden sein, sich aber gleichzeitig noch gut axial bewegen lassen, sonst hätte sie immer noch Verbindung zum Schwungrad, wiederum nicht gut für das Getriebe. Das ist bitteschön vor dem Einbau einer Kupplungsscheibe zu prüfen. Denn eingebaut wird sie motorseitig, aber die Prüfung kann nur am Getriebe erfolgen, das in den allermeisten Fällen ausgebaut wurde, um an die Kupplung heranzukommen.

Bleibt die Frage offen, wie der Weg des Kupplungspedals als Abhebevorrichtung für den Druckring funktioniert. Dazu ist zu bemerken, dass es sich, normal eigentlich bei jeglicher lösbaren Kupplung, um ein drehendes Teil handelt. Deshalb ist ein Axial- oder auch Ausrücklager auf der Getriebewelle vorgesehen, dessen Getriebeseite stillsteht und über einen Ausrückhebel mit dem Kupplungspedal verbunden ist, und dessen Motorseite mit der Drehzahl des Druckrings immer oder nur bei Bedarf rotiert.

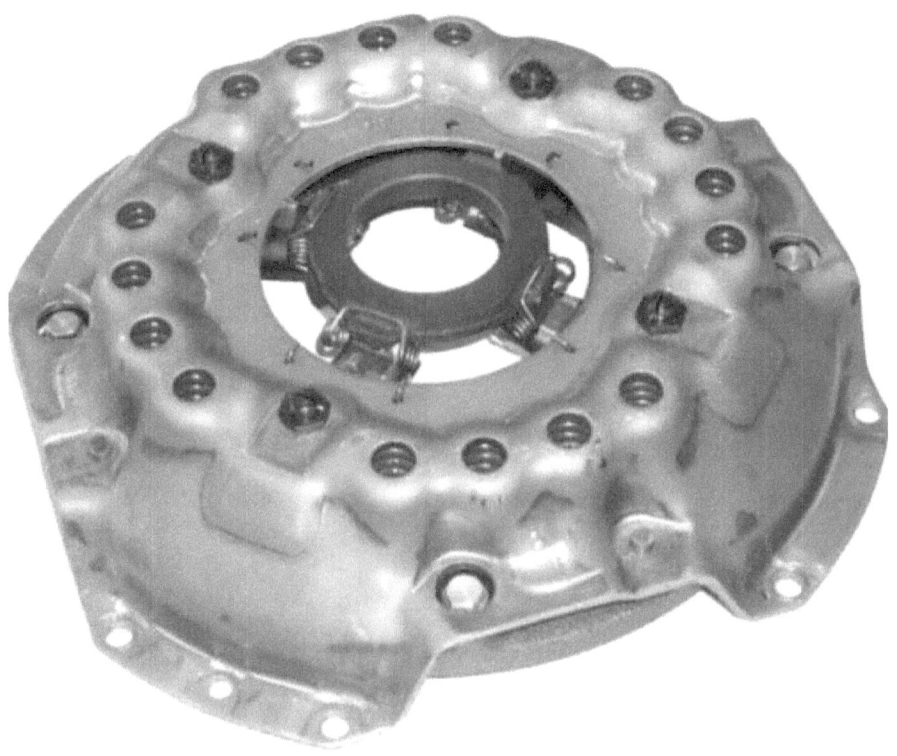

kfz-tech.de/PGt19

Früher und bei bestimmten Spezialkupplungen (Bild oben) z.B. für landwirtschaftliche Geräte war das einfacher zu verstehen. Da gibt es einen mit dem Schwungrad verschraubten Deckel mit im obigen Fall 16 Ausbeulungen, in denen sich Schraubenfedern befinden. Die drücken dann auf den Druckring und pressen damit die Kupplungsscheibe ein. Zusätzlich sind da wiederum 4 Hebel auf dem Umfang verteilt, die durch die Bewegung des Ausrücklagers den Druckring zurückholen können.

Die Schraubenfedern haben den Nachteil, dass die erforderliche Betätigungskraft immer größer wird, je stärker man das Kupplungspedal durchdrückt, Dabei muss sie eigentlich am größten im Druckpunkt sein. Das ist der Bereich des Pedalwegs, bei dem, wenn man die Kupplung kommen lässt, der Wagen gerade anfängt, sich zu bewegen. Darüber hinaus ist eine wachsende Pedalkraft unnötig und fördert nur das oben beschriebene Fehlverhalten.

Deshalb ist es schon seit längerer Zeit eine Membran- oder Tellerfeder, die den Druckring anpresst. Die ist so eingebaut, dass sie sich für den Rest des Weges jenseits des Druckpunkts zur anderen Seite hin auswölbt und im Prinzip sogar weniger Kraft verlangt. Außerdem spart man mit ihr die kleinen Übertragungshebel.

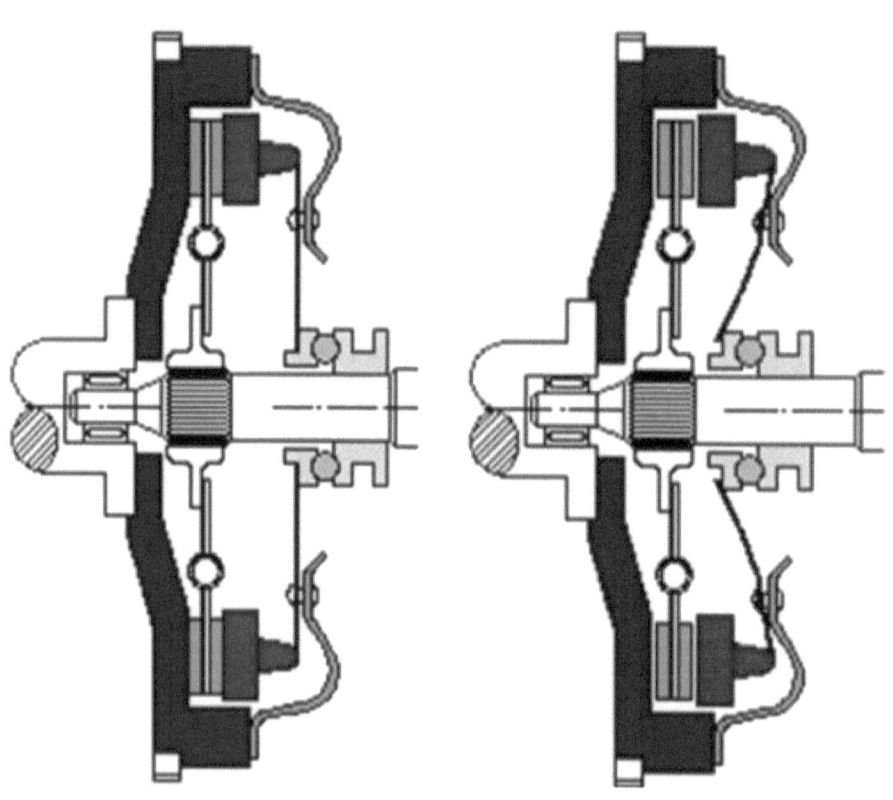

Hier eine Membranfederkupplung im unbetätigten Zustand links und, leicht übertrieben, im betätigten, wir sagen auch ausrückten Zustand rechts. Die Membranfeder hat also die Doppelfunktion des Spannens der Kupplungsscheibe zwischen Schwungrad und Druckring und als Übertragungsmedium für das Ausrücken. Unten noch einmal eine Darstellung, wie die Kupplung mit dem Pedal verbunden ist. Wie schon erwähnt kommt der Seilzug eher im A- oder B-Segment vor.

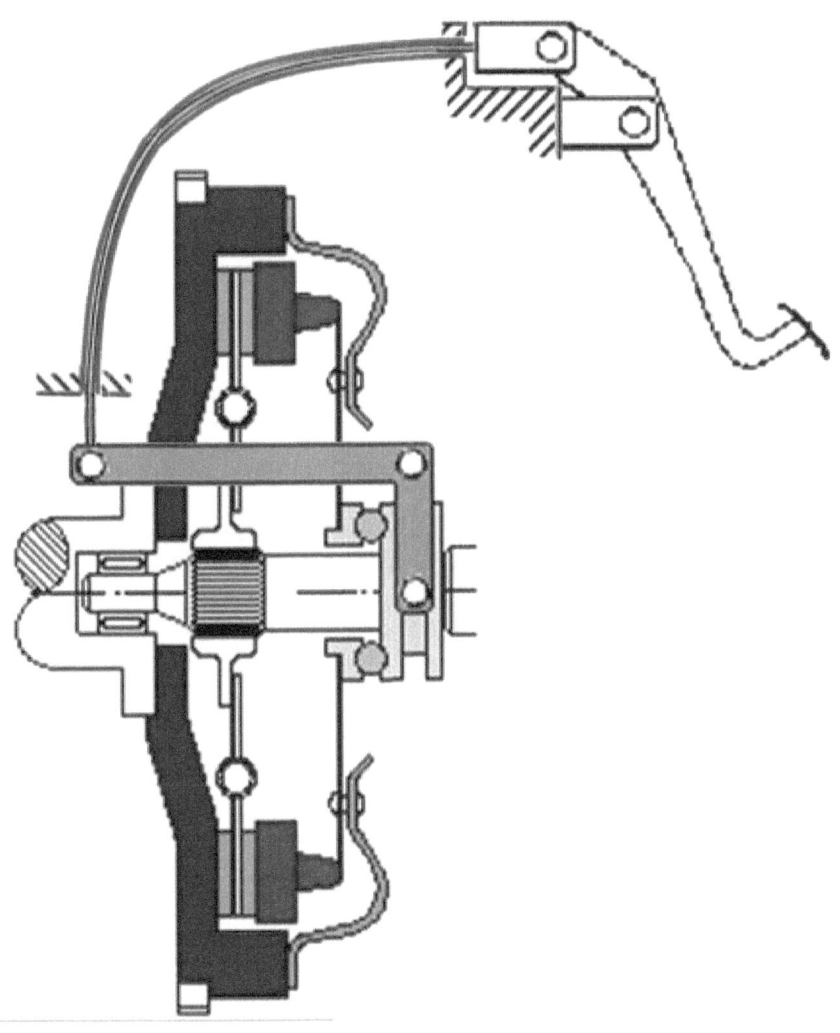

▣▮▮ Kupplung 2

Wir haben uns angewöhnt, eine Kupplung stets als eine lösbare Verbindung anzusehen, möglichst auch noch ohne Werkzeug benutzen zu müssen. Das ist nicht immer so. Man kann auch die Verbindung von zwei, nicht exakt fluchtenden Wellen z.B. durch ein Trockengelenk als Kupplung bezeichnen. Ein(e) Installateur/in ist schon froh, wenn eine Leitungsverbindung mit Maulschlüssel oder Zange lösbar und wieder festzuziehen ist, ohne eine evtl. vorhandene Dichtung austauschen zu müssen. Sogar eine Doppelmuffe kann als Kupplung bezeichnet sein.

So ein Trockengelenk kann in gewisser Weise auch Schwingungen des Antriebs dämpfen, wie sie durch das Beschleunigen der Kurbelwelle beim Arbeitstakt vorkommt. Solche Schwingungen dämpfen bei der Kupplung die im Bild oben eingelagerten Schraubenfedern. Seltener, aber auch möglich, ist Gummi zwischen Innenverzahnung und Belagträger. Hier sehen Sie übrigens auch eine eher beim Pkw übliche Verzahnung in der Mitte.

Was noch auffällt ist der eher komplizierte Aufbau des Belagträgers. Da sind federnde Elemente dazwischen. Alles zusammen sorgt für ein perfektes Anliegen des Belages auf seinem jeweiligen Stahlpartner, auch wenn beide sich nicht vollkommen parallel zueinander befinden. Ja und die Nieten, mit denen die Beläge befestigt sind, die dürfen auf keinen Fall durch Belagverschleiß hervortreten.

Das wäre auf der Seite des Druckrings noch nicht so schlimm, weil der zusammen mit dem Kupplungsdeckel und der Membranfeder den Kupplungsautomaten bildet und eh' mit ausgetauscht wird, aber das Schwungrad auf der anderen Seite würde man schon gerne riefenfrei antreffen. Es ist zwar einzeln ausgewuchtet, aber lieber würde man kein neues montieren wollen. Außerdem verteuert das die Reparatur. Also. Neigt die Kupplung zum Durchrutschen, beizeiten in die Werkstatt.

So damit hätten wir die Grundausstattung, ganz oben in der Zusammenstellung. Nein, alles an dieser haben wir noch nicht erklärt. Da ist rechts der sogenannte Zentralausdrücker. Hier wird der vom Kupplungspedal kommende hydraulische Druck direkt auf den ringförmigen Kolben des Nehmerzylinders geleitet, der dann über das im Bild oben gut sichtbare Kugellager auf die Membranfeder drückt.

> **Ältere Ausrücker durften im Gegensatz zu neueren bei nicht betätigter Kupplung nicht mitlaufen.**

Das Bild ganz oben zeigt auch sehr deutlich, wohin die Kraft des Ausrücklagers geht, wenn das Kupplungspedal gedrückt wird, nämlich in Richtung Schwungrad. Es wird also nicht nur die Membranfeder betätigt, sondern auch die komplette Kurbelwelle vom Getriebe weggeschoben. Das belastet deren Axiallagerung. Die Neigung eines/r Fahrers/in, z.B. während Rotphasen von Ampeln lange auf der Kupplung zu bleiben, ist also irgendwann am Axiallagerspiel messbar und kann einen handfeste Motorreparatur nach sich ziehen.

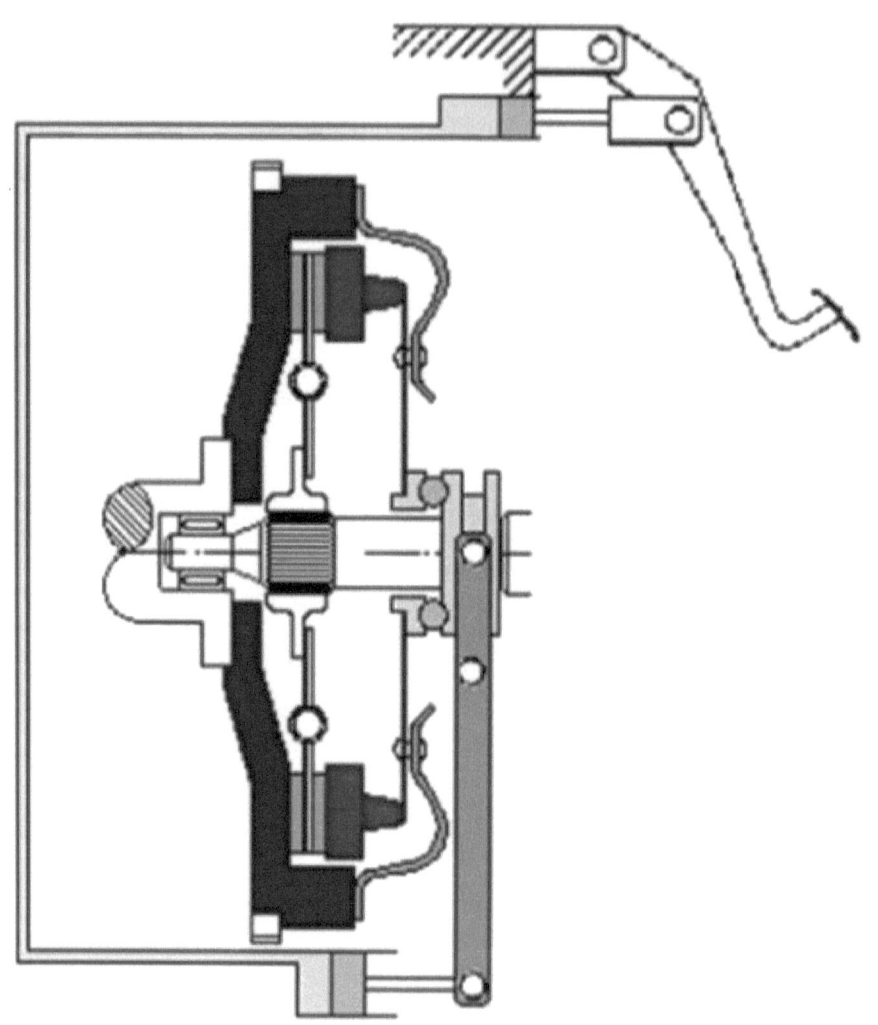

Geber- und Nehmerzylinder mit Übersetzungsverhältnis

Obwohl mit dem Zentralausdrücker hier ganz schlicht ein Hebel eingespart wird und die Kraft zentraler auf die Spitzen der Membranfeder geleitet wird, betonen die Zulieferer solcher Teile, eine eventuelle Reparatur sei jetzt einfacher. Natürlich ist das Gegenteil der Fall. Denn es muss klar sein, dass Sie dieses Teil nur austauschen können, wenn Motor und Getriebe komplett getrennt werden. Unten sehen Sie einen außen angeordneten Nehmerzylinder, der natürlich ohne eine solch aufwendige Demontage zu tauschen ist, auch wenn er vermutlich von unten oben auf dem Getriebe ab-/anzuschrauben ist.

Weiter unten sehen Sie, was passiert, wenn das Ausrücklager blockiert und man einfach weiterhin die Kupplung benutzt. Lassen Sie sich nicht von dem schwarzen Deckel beeinflussen, der gehört da nicht hin. Achten Sie lieber auf die feinen Spitzen der Membranfeder, die mit dem Ausrücklager Kontakt haben. Diese werden bei feststehendem Lager abgeschliffen, so lange, bis das Ausrücklager in den Kupplungsautomaten hineingedrückt werden kann, ohne die Kupplung zu betätigen.

Im Innenraum merkt man das in der Regel am nicht mehr zurückkehrenden Kupplungspedal. Es bleibt schlicht im gedrückten Zustand hängen und auch der technisch unbegabteste Mensch weiß, es ist etwas passiert. Und was macht man in so einem Fall? Bei entsprechender Versicherung muss abgeschleppt werden. Leider haben modernere Autos eine Art Schutzfunktion. Man kann Sie nicht mehr starten, wenn ein Gang eingelegt ist. Das haben uns verwirrte Personen berichtet, die nach so einem Vorfall behauptet haben, das Auto habe sich selbstständig gemacht und den Hersteller verklagten.

Man muss also zum Starten zwingend die Kupplung betätigen. Das bedeutet allerdings eher mehr Unsicherheit. Nehmen wir den zugegebenermaßen unwahrscheinlichen Fall an, Ihr Motor hat ausgerechnet auf einem Bahnübergang einen Aussetzer und springt nicht mehr an. Dann konnten Sie sich früher mit dem eingelegten ersten Gang und dem Anlasser retten. Bei intakter Kupplung geht das heute nicht mehr.

Sie haben bei einem modernen Fahrzeug nur eine Chance, wenn Sie den Kupplungsschalter überlisten, also z.B. das Kupplungspedal gedrückt lassen, obwohl keine Kupplungsfunktion vorhanden ist. Das funktioniert aber nur, wenn sich der Schalter am Kupplungspedal befindet. Aber vielleicht ist ja auch ihr Fahrzeug alt genug. Jedenfalls üben wir jetzt einmal das Fahren ohne Kupplung, allerdings nur, wenn ihr Motor ohne besondere Geräusche einwandfrei läuft.

Um präziser zu sein, es ist das Fahren mit nicht mehr ausrückbarer Kupplung. Ist der Motor kalt, dann müssen Sie ihn diesmal durch Starten ohne Gang ausnahmsweise warmlaufen lassen. Und dann geht es mit dem schlimmsten Fall los, dem Fahrer in der Stadt. Motor aus, zweiter Gang rein und starten, wenn frei ist. Der Wagen fängt an zu hoppeln und nimmt irgendwann Gas an, wenn Sie das Gaspedal nicht zu stark durchdrücken. Natürlich brauchen Sie gute Gründe für so eine Aktion, denn so ganz gesund ist das für das Auto nicht.

An der Ampel beizeiten den Gang einfach rausnehmen und so leicht bremsend ausrollen, dass Sie evtl. bei Grün noch rollend ankommen. Dann hätten Sie eine Chance, den Gang ohne Gasgeben wieder einzulegen. Kommen Sie bei Rot an, dann stehen bleiben und siehe oben. Bleiben Sie im zweiten Gang, auch wenn Sie die Ortsgeschwindigkeit halten wollen. Spritverbrauch ist jetzt ausnahmsweise egal.

Sie sollten die Stadtfahrt so planen, dass der Fall mit der Ampel möglichst selten auftritt, also möglichst direkt in Richtung Peripherie, auch wenn das insgesamt Umweg bedeutet. Auf der Beschleunigungsspur der Autobahn fahren Sie den zweiten Gang bis knapp an den roten Bereich, wechseln vom zweiten ohne Gas gefühlvoll und doch entschlossen direkt in den höchsten. Natürlich tut sich die Fuhre anfangs mit dem Beschleunigen etwas schwer, aber glauben sie einem erfahrenen Ohne-Kupplung-Fahrer, danach sind Sie gerettet.

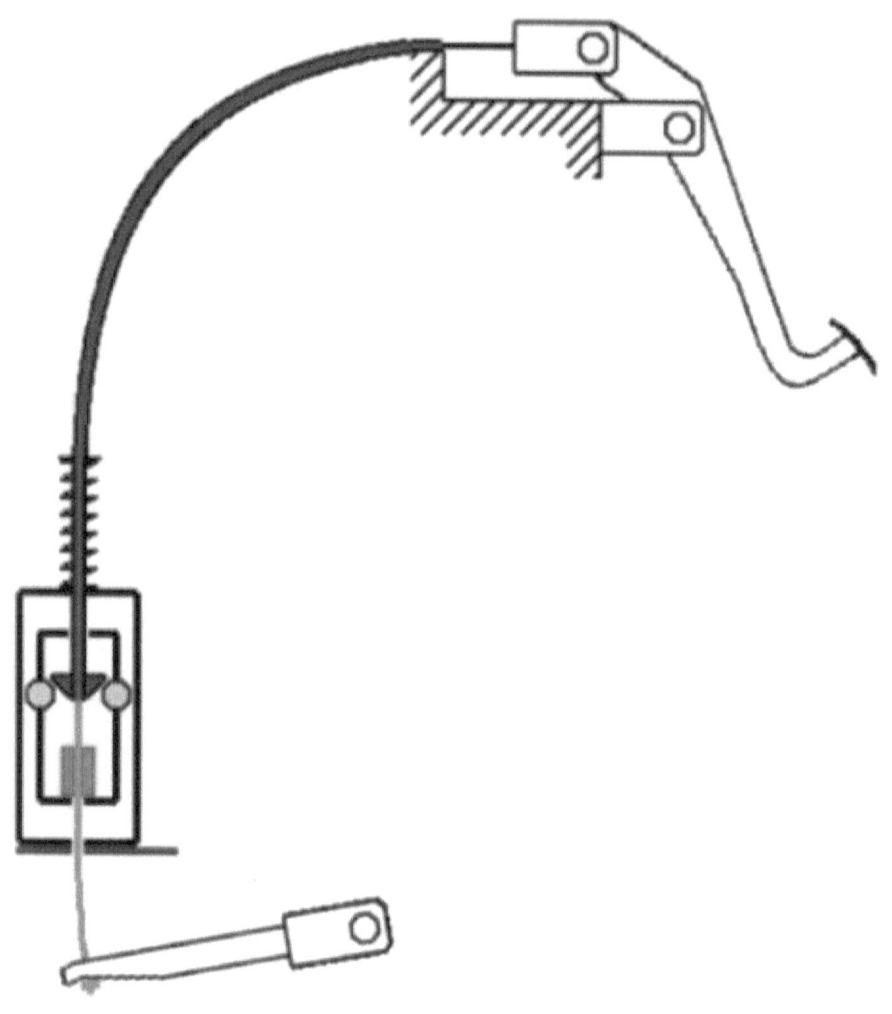

Natürlich hilft dieser Tipp auch bei jedem anderen Defekt an der Kupplungsbetätigung, auch bei deren Seilzugverbindung. Hatte die hydraulische Betätigung anfangs den Vorteil, sich selbst nachzustellen, also wartungsfrei zu sein, so hat die einfache Zugverbindung diesen Vorteil eingeholt. Das schauen wir uns auf dem Bild oben und folgenden an.

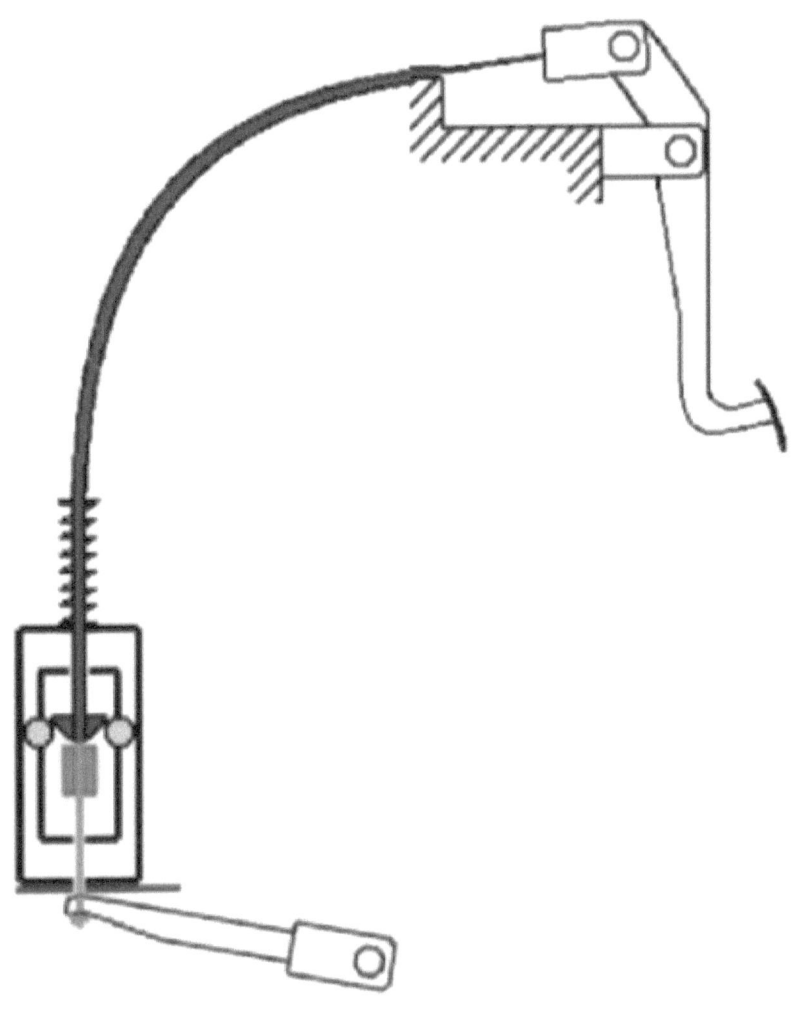

Die ersten beiden Bilder von der automatischen Nachstellung zeigen die Verbindung im neuwertigen Zustand, zunächst gelöst und dann betätigt. Auffallend sind die Kugeln, die beim Drücken des Kupplungspedals den inneren Käfig mit der Wandung verkeilen. Wenn Sie die beiden oberen mit den beiden unteren Bildern vergleichen, sehen Sie, wie der Käfig mit größer werdendem Verschleiß nach unten gewandert ist.

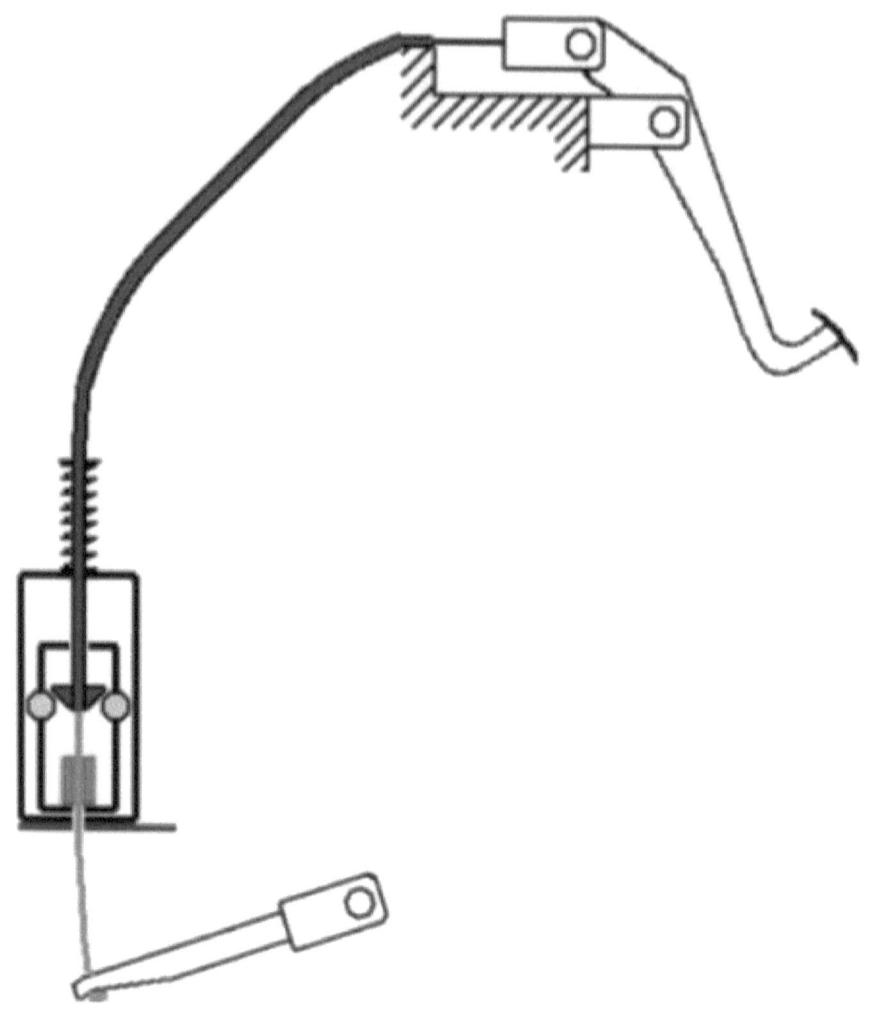

Dafür hat der Klemmring gesorgt, der mit etwas stärkerer Reibung unmittelbar auf der Seele des Seilzugs sitzt. Beim Entlasten des Kupplungspedals zieht diese den Käfig nach unten. Man könnte sagen, sie gibt dem Hebel unten mehr Seil und der ist jetzt im betätigten und unbetätigten Zustand im Gegensatz zu oben weiter nach unten ausgelenkt. Auch die Seilzugverbindung nach oben ist etwas straffer und nicht mehr so schön gebogen.

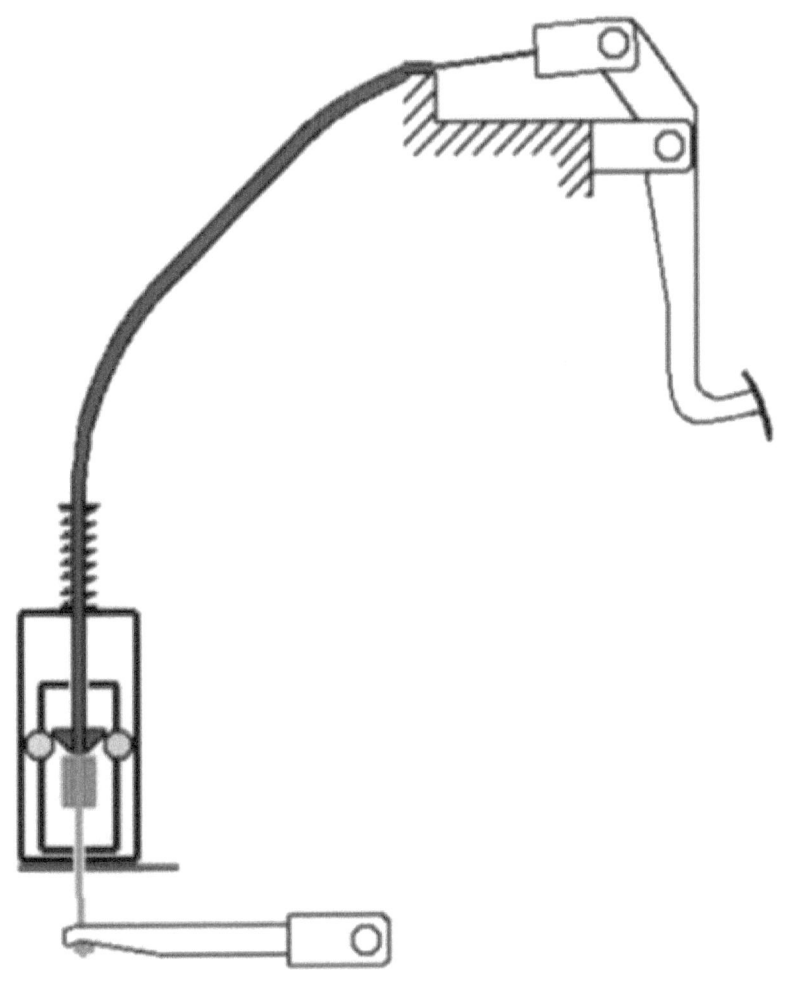

Wichtig zu wissen: Ohne Nachstellung würde sich der Druckpunkt einer Kupplung mit zunehmendem Verschleiß nach oben bewegen, also vom Bodenblech weg wandern. Eine dünner werdende Kupplungsscheibe lässt das Ausrücklager in ihre Richtung wandern, weil sich die Bewegungsrichtung im Kupplungsautomaten umkehrt. Deshalb braucht die rein mechanische Verbindung mehr Seil.

▢⊪ Kupplungstausch

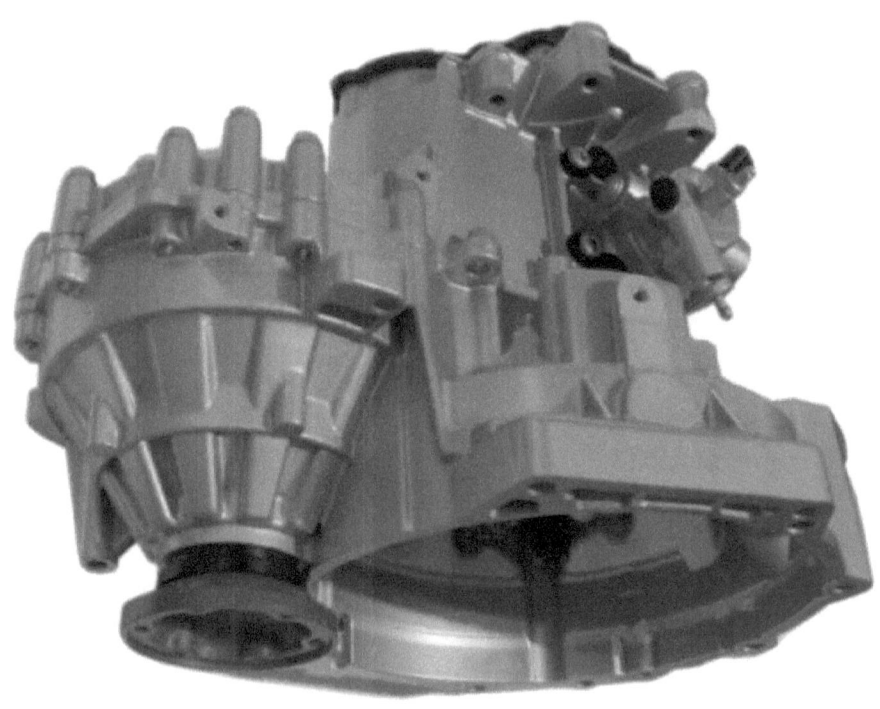

kfz-tech.de/PGt14

Ohne Hebebühne ist fast alles möglich, aber in unserem Fall hier wohl doch recht schwierig. Also gehen wir einmal von einer vorhandenen oder von einer Grube aus. Auch wäre ein Getriebeheber nicht schlecht, besonders, wenn man alleine ist. Und dann noch klären, ob man das Werkzeug für die Spezialschrauben hat. Für eine einzige Reparatur lohnen sich große Anschaffungen in diesem Bereich nicht.

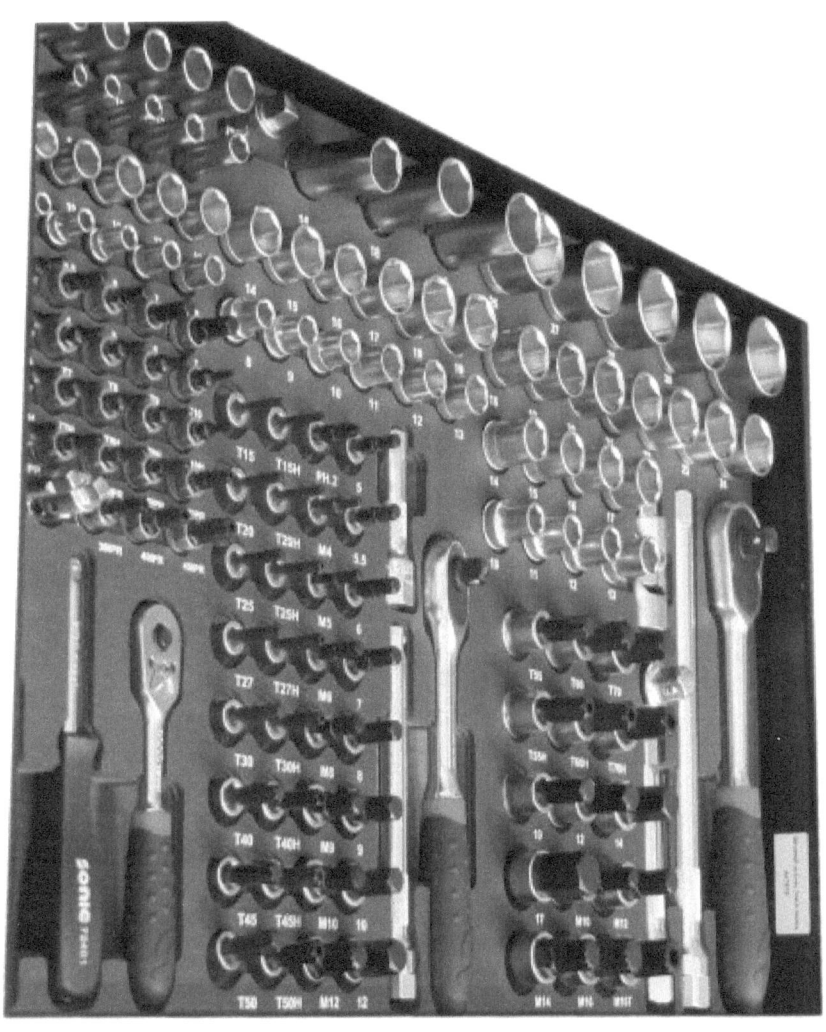

Ein Blick in die Vielfalt von Werkzeug.

Es gibt grundsätzlich vier verschiedene Möglichkeiten, an die Kupplung heranzukommen:

1. Das Getriebe ausbauen, bei Quermotor einschließlich Achsantrieb.
2. Nicht das Getriebe, sondern den Motor ausbauen, z.B. beim VW-Käfer.
3. Motor und Getriebe zusammen ausbauen, z.B. beim Porsche.
4. Nur die Kupplung ausbauen.

Ja, man glaubt es kaum, aber es hat tatsächlich in der Kfz-Geschichte z.B. Fahrzeuge von Opel gegeben, da konnte man nach Abbau eines Deckels an der Seite der Kardanwelle die Eingangswelle zum Getriebe so weit herausziehen, dass man die Kupplung zwischen Motor und Getriebe demontieren und herausnehmen konnte. Vergessen Sie das aber ganz schnell wieder

.

kfz-tech.de/PGt15

Die heutzutage mit Abstand häufigste Methode ist die des Getriebeausbaus. Hierzu ist, wie bei fast allen Arbeiten am Kraftfahrzeug, die Batterie abzuklemmen. Hilfreich, wie immer, ist eine Information über diesen Vorgang, ob nämlich bestimmte Codierungen nach Wiederanklemmen z.B. für das Radio nötig sind.

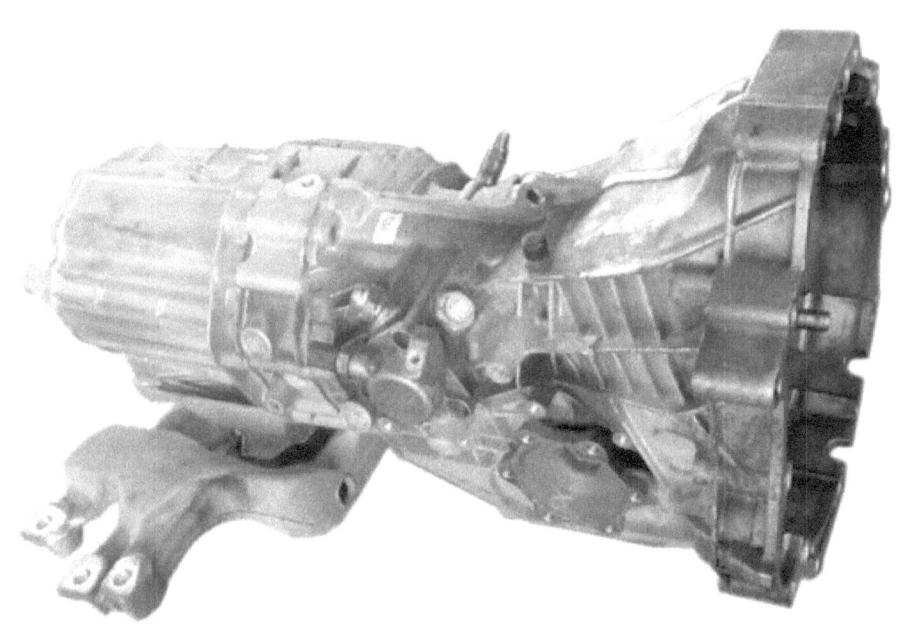

kfz-tech.de/PGt16

Logisch: Beim Quermotor mit Frontantrieb wird das Getriebe zu seiner Seite hin ausgebaut. Das ist in aller Regel in Fahrtrichtung die linke, kann aber auch die rechte sein, z.B. bei Honda. Beim Längsmotor mit Front- oder Hinterradantrieb geht das Getriebe nach hinten raus. Es hat auch Fälle z.B. bei Renault gegeben, da war das Getriebe vor dem Motor angeordnet. Aber vergessen Sie auch das.

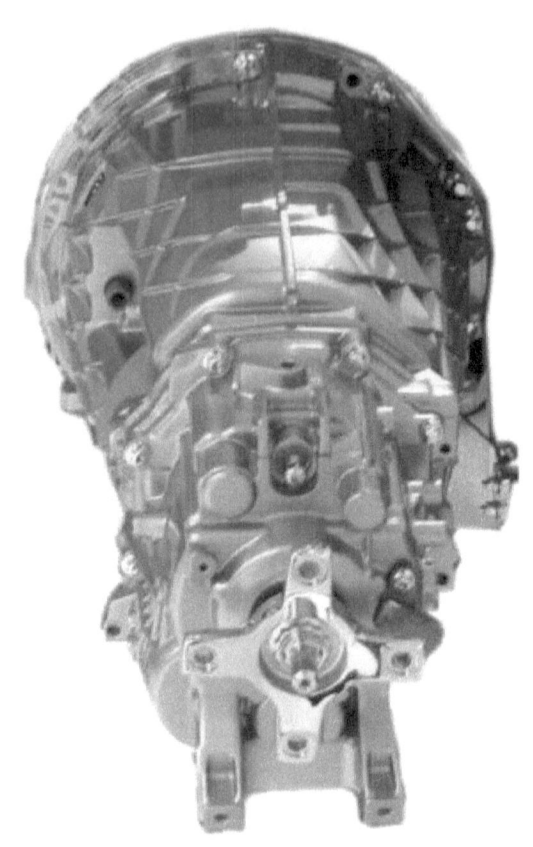

kfz-tech.de/PGt17

Bei Frontantrieb müssen in jedem Fall die Gelenkwellen zu den Rädern ausgebaut bzw. gelöst werden. Bei Allradantrieb und Hinterradantrieb ist auch noch die Kardanwelle abzuflanschen. Ein querliegender Frontmotor ist in jedem Fall abzustützen, weil die getriebeseitige Befestigung des Antriebs an die Karosserie abgebaut werden muss. Also muss irgendeine Stange oder ein Balken (Bild unten) ohne Lackschäden quer über den Motorraum, an dem man den Motor befestigen kann.

Stützen direkt unter der Ölwanne sind megaout, weil die sich dabei Beulen oder Risse einhandeln kann bzw. man die nötige Bewegungsfreiheit in horizontaler oder vertikaler Art verliert. Beim Längsmotor ist die Frage, wie weit seine beiden Stützen links und rechts nach vorne hin angeordnet sind. Er könnte im Zweifelsfall nach hinten kippen, Beschädigungen dabei nicht ausgeschlossen. Eine Besonderheit außer dem Abbau einer zusätzlichen Welle stellt der Allrad nicht dar. In aller Regel ist das auszubauende Teil durch das Verteilergetriebe schwerer.

Ach ja, die Schaltung muss ja auch noch ab, sei es ein Gestänge, das ausgehängt werden kann, oder ein Hebel am doppelten Bowdenzug kann ausgebaut werden. Ist der Nehmerzylinder der Kupplungshydraulik außen angebracht, kann man ihn in der Regel einfach abschrauben. Bei einem Nehmerzylinder in der Kupplungsglocke wird man wohl die Leitungen öffnen und die Bremsflüssigkeit ablassen, nachher wieder auffüllen und entlüften müssen.

Moderne Getriebe sind vor dem Ausbau sorgfältig auf elektrische Verbindungen und auch Masseleitungen zu kontrollieren. Erstere können u.U. leicht abgerissen werden. Spätestens wenn man den Anlasser abbaut, sollte die Batterie abgeklemmt sein, sonst funkt es gewaltig. Batterien können bei so einer Aktion sogar explodieren. So, jetzt müsste man sich erst der Antriebslagerung am Getriebe und danach den Schrauben rund um die Kupplungsglocke widmen.

Gleichmäßig ab- und anschrauben.

Das Getriebe lässt sich bisweilen nur bei leicht gekipptem Motor herausziehen. Wird es nachher wieder eingebaut, ist die Verlockung groß, Zwang anzuwenden, z.B. mit längeren Schrauben. Bitte nicht. Ist die Kupplungsscheibe ordnungsgemäß zentriert, muss das Getriebe auch von Hand einschiebbar sein. Zentrieren geht gut mit einem passenden Dorn, im äußersten Notfall auch durch genaue Beobachtung.

Im Bild oben sehen sie die Anwendung eines Dorns zur richtigen Zentrierung der Kupplungsscheibe. Wenn Sie das Bild darüber anschauen, sehen Sie den Weg, den die Eingangswelle des Getriebes bis in die Kurbelwelle hinein zurücklegen muss. Ist die Kupplungsscheibe davor nicht richtig zentriert und auch schon durch den angeschraubten Kupplungsautomaten festgeklemmt, ist es beinahe unmöglich, die Getriebewelle ohne rohe Kräfte einzuführen.

Vor dem Einbau der Kupplungsscheibe deren leichte Verschiebbarkeit auf der Getriebewelle prüfen.

kfz-tech.de/PGt18

Dieses Automatikgetriebe erfordert zusätzliche Arbeitsschritte, die hier nicht beschrieben wurden. Unbedarft ausgebaut, kann einem z.B. Öl entgegenkommen. Es hat ja auch keine Kupplung in dem oben gemeinten Sinn.

kfz-tech.de/YGt6

❏❙❙❙ Schwungrad 1

So lernte man es klassisch: Das Schwungrad soll Leertakte und Totpunkte überwinden helfen. Wird die Zahl der Drei- und evtl. sogar Zweizylinder vor der elektrischen Revolution noch größer, dann könnte erstere wieder zu den Aufgaben eines Schwungrades oder dessen Ersatz gehören. Lange Zeit sah es ja so aus, als gäbe es beim Verbrennungsmotor keine Leertakte mehr, weil er mindestens vier Zylinder hatte.

Das Schwungrad war also eine dicke Scheibe mit möglichst viel Masse möglichst weit weg vom Mittelpunkt. Es wurde an drehfest die Kurbelwelle geschraubt. Am liebsten hätte man es zusammen mit dieser ausgewuchtet, aber das war schwierig, wenn nur ein das Schwungrad wegen Beschädigung durch die Kupplungsscheibe getauscht werden sollte. Also ist jedes Teil für sich ausgewuchtet. Im Gegensatz zum Rad, wo man bei Bedarf ein Gewicht hinzugefügt, wird bei diesen beiden auf der Gegenseite Material weggebohrt.

Früher konnte man sich sogar einbilden, beim Fahren ein wenig über die Eigenschaften des jeweils am Motor befindlichen Schwungrades mitzukriegen. Da waren nämlich die Motoren noch schwach, hatten Transporter und Pkw oft die gleiche Leistung, noch wichtiger, das gleiche Drehmoment. Trotzdem konnte es passieren, dass der Transporter am Berg sein, zweifellos geringeres, Tempo länger halten konnte als der Pkw.

Das lag schlicht daran, dass man ihm ein Schwungrad mit mehr Masse verpasst hatte. Das wirkt wie ein kinetischer Energiespeicher. Nicht umsonst hat es Versuche mit sogenannten Schwungnutzkupplungen gegeben, die eine größere Masse beim Warten an der Ampel sich weiterdrehen lassen, um beim anschließenden Start dem Motor sehr entscheidend zu helfen.

Natürlich hatte so ein Schwungrad auch eine Schattenseite. Der Motor hat schlechter beschleunigt, was Tuning-Fans stets auf die Idee brachte, das Schwungrad noch mehr zu erleichtern. Und dann ist da auch noch das Ritzel für den Anlasser (Starter) aufgeschrumpft. Warum gerade hier? Weil hier der größte Durchmesser vorhanden ist, was die Realisierung eines Übersetzungsverhältnisses von weit über 10 erleichtert.

Inzwischen scheint diese formschlüssige Verbindung mehr und mehr durch eine kraftschlüssige Riemenverbindung am anderen Ende des Motors abgelöst zu werden. Der Mildhybrid betritt die Bühne. Allerdings gibt es zunächst noch beide Lösungen an einem Motor. Vermutlich ist der zum E-Motor umgebaute Generator zusammen mit seinem Riementrieb noch nicht in der Lage, den Motor z.B. auch bei großer Kälte anzuwerfen.

Somit wären wir bei den sekundären Aufgaben gelandet. Eine zweite begann zunächst ganz harmlos. Auch wegen des großen Durchmessers hat man gerne Markierungen zur Einstellung der Zündung angebracht, weil hier am genausten. Allerdings waren die z.T. sehr schlecht zu erreichen, weshalb man dann doch wieder auf die Keilriemenscheibe ausgewichen ist. Immerhin war ja die bestmögliche Einstellung die mit einer Stroboskoplampe.

Übrigens, ob Kerben vorn oder hinten am Motor, im Verdachtsfall und bei ausgedehntem Tuning macht es Sinn, diese einmal nachzuprüfen. Also Messuhr evtl. mit Verlängerung durch das Kerzenloch und OT exakt ermittelt. Alle übrigen Werte sind mit der Formel vom Bogenmaß nicht zu schwierige Mathematik.

Lange Zeit blieb es so mechanisch, wurde dann aber elektronisch, wen wundert's? Erst kam eine Verdickung an die Stelle, wo vorher der oben beschriebene Strich gewesen war. Zusammen mit einer Wicklung deren Eisenkern durch die Verdickung kurzzeitig verlängert wurde, entstand ein an dieser Steller sich markant sich veränderndes Signal und damit der OT-Geber.

So nennen ihn manche 'Profis' noch heute, obwohl das seine Arbeit nur unzureichend beschreibt. Irgendwann reichten die Zähne für den Anlasser, ein für das Motorsteuergerät klar bestimmbares Signal zu erzeugen. Es konnte von da an Zähne zählen, spielend auch noch bei 6.000 oder mehr Umdrehungen.

Nur leider war ein signal wie das andere, also kein markanter Punkt vorhanden. Der Neigung der Elektroniker/innen, einen Zahn wegzulassen, geboten die Motortechniker/innen Einhalt, indem sie auf den Anlasser verwiesen, der bei dieser Lösung wohl nicht immer und einwandfrei funktioniert hätte. Und so entstand der zusätzliche Blechkranz, wobei der unten im Bild so unglücklich fotografiert wurde, dass ausgerechnet die Doppellücke verdeckt ist.

Das ist dann die unbedingt nötige Bezugsmarke. Das muss gar nicht OT sein, denn von der aus kann sich das Motor-Steuergerät alle möglichen Punkte selbst bestimmen. Es kann auch feiner skalieren, als die hier sichtbare Auflösung suggerieren mag. Man nennt das Interpolation, feinere Teilungen zu errechnen. Man könnte z.B. fünf Takte zwischen zwei der vorhandenen so legen, dass genau nach fünf der sechste durch den Sensor exakt passt.

Wozu man das außer bei der Festlegung der Zündung bzw. Einspritzung noch braucht? Na, dann denken Sie bitte einmal an die vier Takte, von denen nur einer produktiv ist. Auf den muss sich u.a. der enorme Zuwachs an Drehmoment auswirken. D.h. das Steuergerät ist jetzt in der Lage, die Beschleunigung im Arbeitstakt jedem Zylinder zuzuordnen.

Früher hat man, um die Mitarbeit aller Zylinder zu überprüfen, beim Benziner einzelne Zündkabel gezogen. Das macht jetzt das Steuergerät während des gesamten Motorlaufs und regelt damit auch die Kraftstoffzufuhr und evtl. einzelne Zündungen. Und wenn die Toleranzen trotz mehrfachem Regeln trotzdem überschritten werden, schaltet es den Zylinder zu seinem Schutz ab, einschließlich Meldung und Eintrag in den Fehlerspeicher. Ein Beispiel und alles möglich wegen so einem Blechkranz.

◘❙❙❙ Schwungrad 2

kfz-tech.de/PGt21

Obwohl reine Elektroautos in der Regel keine Kupplung brauchen, wird sie uns noch lange begleiten. Es kann sein, dass ihre Anwesenheit noch zunimmt, nämlich bei bestimmten Konstruktionen in der Hybridtechnik. Hier allerdings taucht ein Problem noch viel stärker auf als zuletzt bei den reinen Verbrennern, nämlich die Geräuschentwicklung.

Was man früher nicht bemerkt hat, tritt jetzt mit leiseren und leichteren Motoren zutage. Zu den Geräuschen kommen noch Schwingungen, weil die fahrzeugeigene Dämpfung von Schwingungen fehlt. Sogar die Schwungräder werden leichter und ein Teil ihrer Masse den Ausgleichsgewichten an der Kurbelwelle zugeordnet. Drehschwingungen des Motors auf das Getriebe und umgekehrt verhindert das Zweimassen-Schwungrad.

kfz-tech.de/PGt22

Nicht nur die Gaskräfte der Verbrennung, auch ein ungleichmäßiges Drehmoment und die niemals vollständig durchführbare Auswuchtung des Kurbeltriebs verursachen Drehschwingungen am Schwungrad. Diese können besonders bei den heutzutage möglichen niedrigen Drehzahlen z.B. auf das Getriebe übertragen werden und dort zu unkontrollierbaren Bewegungen der Losräder führen, 'Getrieberasseln' genannt.

> Vielleicht sind es aber auch die modernen Dieselmotoren mit ihren enormen Gasstößen pro Zylinder alle vier Takte.

Solange die schwingenden Elemente im Getriebe leicht sind, ist diesem Phänomen nicht beizukommen. Deshalb versucht man, mit Hilfe eines Zweimassen-Schwungrades einen Teil von dessen Masse dem Getriebe zuzuordnen, um die Masse der dort schwingenden Räder und damit ihre Massenträgheit zu erhöhen. Es gibt also jetzt eine dem Motor zugeordnete Primärmasse und eine dem Getriebe zugeordnete zweite. Beide sind kaum erkennbar in einem einzigen Schwungrad über ein Feder-/Dämpfungssystem miteinander verbunden.

kfz-tech.de/PGt23

Die Primärscheibe ist die auf der Motorseite, trägt z.B. die evtl. noch vorhandene Verzahnung für den Starter und einen Lochblechkreis für den Bezugsmarkensensor. Die Kupplungsscheibe erhält beim Einkuppeln Kontakt mit dem Sekundärteil des Zweimassen-Schwungrades. Dazwischen mit Fettfüllungen am Außenumfang lange Bogenfedern, evtl. mit Innenfedern, geteilt oder am Stück und weiter innen kürzere Druckfedern (Bild oben), ebenfalls mit Innenfedern möglich oder ein System mit verzahnten Rädern (Bilder ganz oben).

Die Bogenfedern werden gegen die Außenwandung isoliert geführt. Man bezeichnet sie auch als Außendämpfer, besonders wirksam beim Starten, Abstellen des Motors, Fahren mit niedriger Drehzahl und gerade im unteren Drehzahlbereich möglichen, stärkeren Lastwechseln. Die restliche, mehr innen liegende Konstruktion dient der Innendämpfung der Isolation von Schwingungen. Dementsprechend kann der Verdrehwinkel an den Bogenfedern bis zu etwa 60° betragen, der für die Innendämpfung nur eher ein Zehntel davon.

> Beim Zweimassen-Schwungrad spart man meist irgendwelche Dämpfungen an der Kupplungsschebe ein.

Entsprechend ist eine Prüfung von Freiwinkel und Kippspiel des Zweimassen-Schwungrades bei ausgebauter Kupplung dringend erforderlich. Verschiedene solche Schwungräder sind nicht tauschbar, da exakt auf den Motor und dessen übrigem Aufbau von Massenträgheitsmomenten abgestimmt. Denn im Grunde kommt dem Motor jetzt ein wesentlich erleichterter Teil des Schwungrades zu, Arbeit, die evtl. ein Schwingungsdämpfer am anderen Ende der Kurbelwelle zusätzlich zu leisten hat.

kfz-tech.de/PGt24

Hier sind zusätzlich sogenannte 'Fliehkraftpendel' eingebaut. Wenn Sie sich die beiden Bilder oben und unten vergrößern, sehen Sie jeweils ein etwa über 90° gehendes Bogen-Blechstück. Das ist auf dem Bild oben nach rechts und unten nach links ausgelenkt. Die Bewegung ist bestimmt durch je eine Aussparung links und rechts der Mitte und eine komplizierte Arretierung. Von einer auf die andere Seite kommt das Blech durch eine zusätzliche Bewegung hier nach oben, im Fahrbetrieb nach außen.

kfz-tech.de/PGt25

Laut Hersteller Luk (Schaeffler) ersetzt das Fliehkraftpendel die Innendämpfung. Durch die gebogene Führung befindet sich das Pendel in Mittelstellung am weitesten außen, solange keine Schwingungen auftreten. So doch, beginnt es, sich genau im Gegentakt zu diesen zu bewegen und diese zu dämpfen. Man kennt das Prinzip schon lange, aber erst jetzt gelang es, das Gewicht aller Pendel von 5 auf 1 kg zu drücken. Fliehkraftpendel sollen auch beim Wandler und an der Kupplungsscheibe möglich sein.

kfz-tech.de/YGt10

kfz-tech.de/YGt11

▣▥ Grundlagen 1

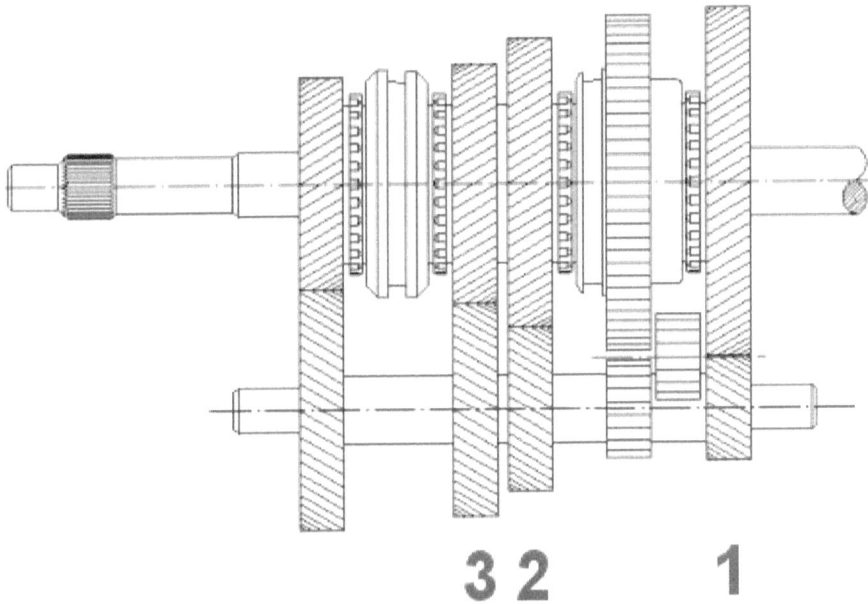

3 2   1

Sie können es drehen und wenden, wie Sie wollen, aber irgendwie erwartet jemand, der dieses Buch gekauft hat, dass ihm das Thema von Grund auf zugänglich gemacht wird. Und das soll genau in diesem und dem nächsten Kapitel geschehen. Sollten Sie also schon weiter sein in Ihrem Verständnis vom einfachen Wechselgetriebe, dann muss ich Sie leider bitten, weiter zu blättern.

Sie können allerdings auch verweilen, falls Sie neugierig sind, ob hier nicht doch ein Aspekt zur Sprache kommt, dem Sie so noch nicht genug Bedeutung beigemessen haben, denn wir wollen das Thema: Viergang Wechselgetriebe schon einigermaßen ausführlich behandeln. Also, jetzt genug der Vorworte, wir fangen einfach an.

Es gibt also vier Gänge, von denen Sie die ersten drei von rechts nach links relativ leicht zuordnen. Den dazwischen müssen Sie überspringen, denn das ist der Rückwärtsgang, hier zu erkennen an seiner graden Verzahnung und dem einschiebbaren Zwischenrad. Der Rückwärtsgang befindet sich im einfachsten Vierganggetriebe immer ziemlich in der Nähe des ersten, weil er eine ähnliche Übersetzung hat.

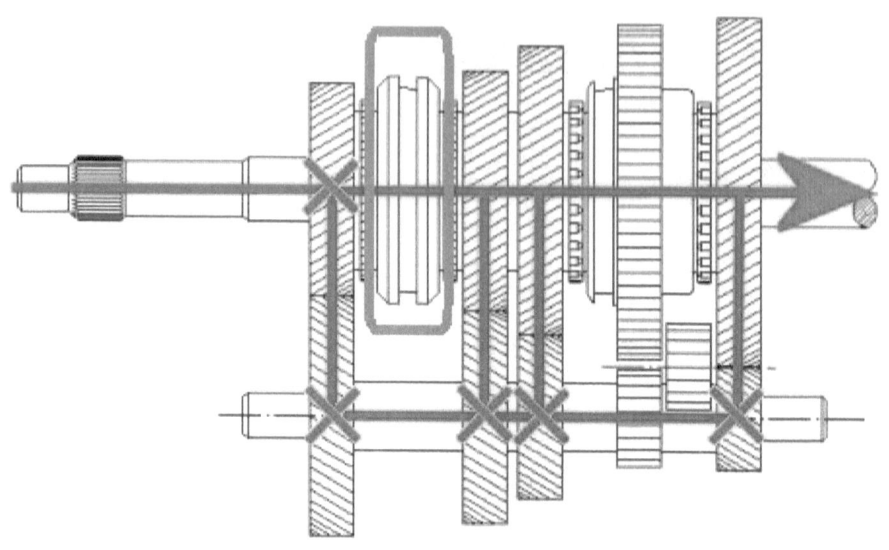

Fest mit ihrer Welle verbundene Zahnräder sind durch ein 'x' gekennzeichnet.

Nein, das Zahnradpaar ganz links stellt nicht den vierten Gang dar. Es wäre bei diesem Getriebe ein großer Fehler, das anzunehmen. Warum? Weil wir hier von einem sogenannten 'Standardantrieb' ausgehen, auch wenn das heutzutage längst kein Standard mehr ist. Also ist bei diesem Getriebe der Motor vorn längs angeordnet und nach rechts geht es weiter über die Kardanwelle zur Hinterachse.

Um also eine Übersetzung zwischenschalten zu können, müssen wir also die Eingangswelle verlassen und in den ersten drei Gängen irgendwann wieder auf die Hauptwelle zurückkehren. Da liegen dann immer zwei Zahnradtriebe mit insgesamt vier Zahnrädern dazwischen. Dadurch hat die Abtriebswelle rechts in den ersten drei Gängen also grundsätzlich eine andere Drehzahl als die Eingangswelle links.

Sie haben es sicher schon bemerkt, die obere Welle besteht also aus zwei, ineinander gesteckten, aber gegeneinander verdrehbaren Teilwellen, die allerdings miteinander fluchten müssen. Die Verbindung verbirgt sich unter dem linken oberen Gangrad. Die Bedeutung der Schaltmuffe daneben müssen wir noch klären. Die haben wir im Bild oben großzügig umrandet.

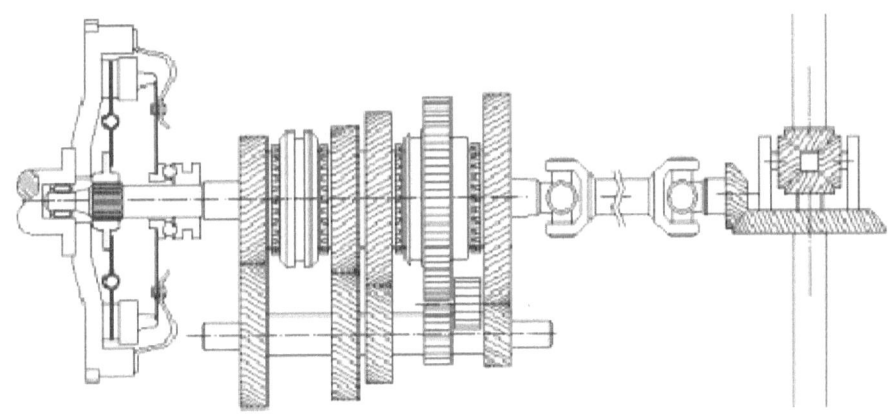

Und wie kommt jetzt der vierte Gang zustande? Ganz einfach, indem wir die Trennstelle aufheben und die Teilwellen miteinander verbinden. Richtig, im Getriebe findet dann keine Übersetzung statt. Diese ergibt sich, wie Sie im Bild oben erkennen können, nur noch zwischen Teller- und Kegelrad. Die beiden entscheiden zueinander passend, mit welcher Übersetzung man im vierten Gang fährt.

Vielleicht haben Sie schon einmal etwas von einer 'kurzen' oder 'langen' Achse gehört. Das hat keineswegs etwas mit der echten Länge einer angetriebenen Hinterachse zu tun, sondern bezieht sich auf deren Übersetzungsverhältnis. 'Kurz' deutet hierbei auf ein großes Übersetzungsverhältnis mit viel Motordrehzahl bei einer gegebenen Geschwindigkeit hin und 'lang' auf ein kleines.

Man spricht bei der 'langen' Achse auch oft von einem 'Schongang', gut für den Motor und Kraftstoffverbrauch, ungünstig für die Beschleunigung. In der Regel ist der Wagen auf ebener Strecke bei Vollgas auch langsamer, aber das muss nicht unbedingt heißen, dass die kürzer übersetzte Hinterachse ihn schneller macht. Sie kann z.B. zu kurz übersetzt sein, doch dazu später mehr. Sie behalten aber bitte, dass ein anderer Achsantrieb die jeweilige Gesamtübersetzung aller Gänge verändern kann.

Sie haben sicher schon bemerkt, dass nicht alle Räder mit der jeweiligen Welle fest verbunden sein können, auf der sie sich befinden, denn dann würde das Getriebe insgesamt sperren. Auf der Vorgelegewelle unten sprechen wir von 'Festrädern' und auf der Hauptwelle oben von 'Losrädern'. Man sieht das dem jeweiligen Gangrad zwar nicht an, schließt es aber messerscharf aus der Tatsache, dass sich neben jedem Losrad eine Schaltmuffe befindet.

Hier haben wir so eine kleine Ansammlung von Getriebeteilen, z.B. oben rechts mit der nicht ganz vollständigen Vorgelegewelle. Wichtig für uns jetzt sind die Schaltmuffe 1 und der Synchronkörper 2, wobei letzterer für uns zunächst nur die Verbindung der Schaltmuffe zur Welle herstellt. Er ist also fest mit dieser verbunden, während die Schaltmuffe zwar in nicht Drehrichtung, sehr wohl aber in axialer Richtung auf der Welle verschiebbar ist.

Hier das erste Echtbild von einem Gangrad mit Vorverzahnung. Zu erkennen ist zunächst einmal die glatte innere Bohrung, die auf ein Losrad hindeutet. Dass es nicht immer nur gleitgelagert ist, darüber sprechen wir später. Dann beachten Sie bitte die Schrägverzahnung, ebenfalls noch zu erörtern. Uns geht es jetzt aber um diese kleine Vorverzahnung am oberen Rand dieses Gangrades.

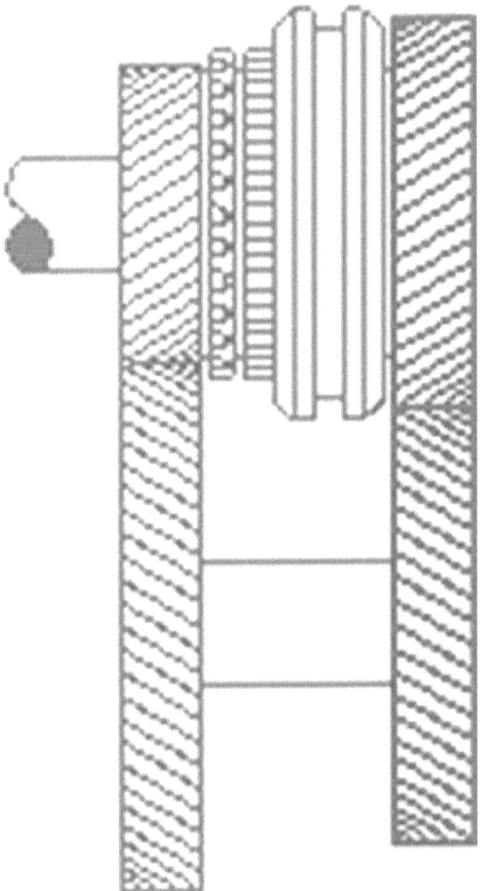

So, wir haben die Schaltmuffe nach rechts verschoben. Sie verbindet jetzt das ehemalige Losrad mit dem auf der Welle testen Synchronkörper. Dieses wird damit zum Festrad. Der Gang ist geschaltet. Wenn es nur eine Schaltmuffe z.B. in einem Zweiganggetriebe gäbe, kann der einzig vorhandene Synchronring nur den einen oder den anderen Gang schalten. Bei unserem Vierganggetriebe sieht die Sache schon anders aus.

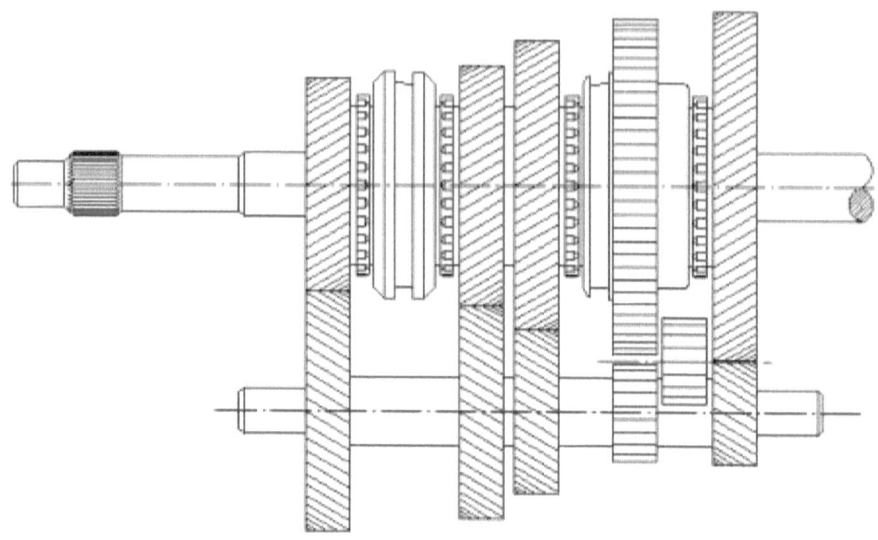

Aber wo ist denn die zweite Schaltmuffe überhaupt? Die linke zwischen dem vierten und dem dritten Gang ist klar erkennbar, die rechte zwischen dem zweiten Gang links und dem ersten Gang rechts ist durch das zusätzliche Zahnrad für den Rückwärtsgang arg verunstaltet. Dieses wird also mit bewegt, wenn einer der beiden Gänge geschaltet werden soll. Aber seien sie gewiss, innen sieht sie genauso aus wie die linke Schaltmuffe.

Und wie wird der Rückwärtsgang eingelegt? Dazu dient das kleine Zwischenrad. Noch einmal kurz zur Wiederholung: Die Schaltmuffe 1./2. Gang ist, genau wie die andere, immer drehfest mit der Welle darunter verbunden. Das entsprechende Rad auf der Vorgelegewelle ohnehin. Also kann durch Einschieben eines Zwischenrades ein Gang mit umgekehrtem Drehsinn eingelegt werden, der Rückwärtsgang. An der Übersetzung zwischen den beiden großen Rädern ändert er übrigens nichts.

Und warum ist der Rückwärtsgang gradverzahnt? Frisch aus dem Museum hier ein altes Schieberadgetriebe. Es hat keine Schaltmuffen und meist zwei Gangräder sind miteinander verbunden und auf der jeweiligen Welle verschiebbar gelagert, aber nicht verdrehbar. Gänge werden durch Ineinanderschieben von Zahnrädern geschaltet. Das Getriebe ist von seiner Länge her deutlich kompakter.

Nachteil allerdings: Gradverzahnte Räder sind lauter und können weniger Drehmoment übertragen. Außerdem kann so ein Getriebe nicht mit einer Synchronisierung ausgestattet werden. Es ist also bei jedem Gangwechsel zweimaliges Kuppeln nötig, beim Herunterschalten sogar mit einer definierten Menge Zwischengas. Ich sehe noch heute den Fahrer eines alten englischen Doppeldeckers vor mir, mit beiden Händen den Gangknüppel umklammend und immer wieder Kuppeln, Zwischengas, wieder kuppeln. Der avisiert Gang wollte sich einfach nicht einlegen lassen.

Am Ende kann man nur noch stoppen und neu anfahren. Und gehörig Geräusche machte das Getriebe. Genau die können Sie mit dem hier erklärten Getriebe auch erzeugen. Sie brauchen nur noch etwas nach vorne zu rollen, während Sie versuchen, den Rückwärtsgang einzulegen. Es gibt zwar schon genügend Fahrzeuge, bei denen das nicht mehr geht, weil der Rückwärtsgang synchronisiert ist, aber je älter und preisgünstiger, desto größer die Chance. Nein, glauben Sie mir und tun Sie es lieber nicht.

Immer noch nicht ist die Frage geklärt, wie denn verhindert wird, dass zwei Gänge gleichzeitig eingeschaltet werden. Da kommt das berühmte H-Schema ins Spiel. Sie können es beim Pkw nehmen, wie Sie wollen, fast immer ist es Grundlage des Schaltens, auch bei einem Schalthebel am Lenkrad und sogar bei dem etwas verqueren Schaltschema von Trabant und früher DKW. Wesentliche Ausnahmen stellen vielleicht die Motorradgetriebe dar.

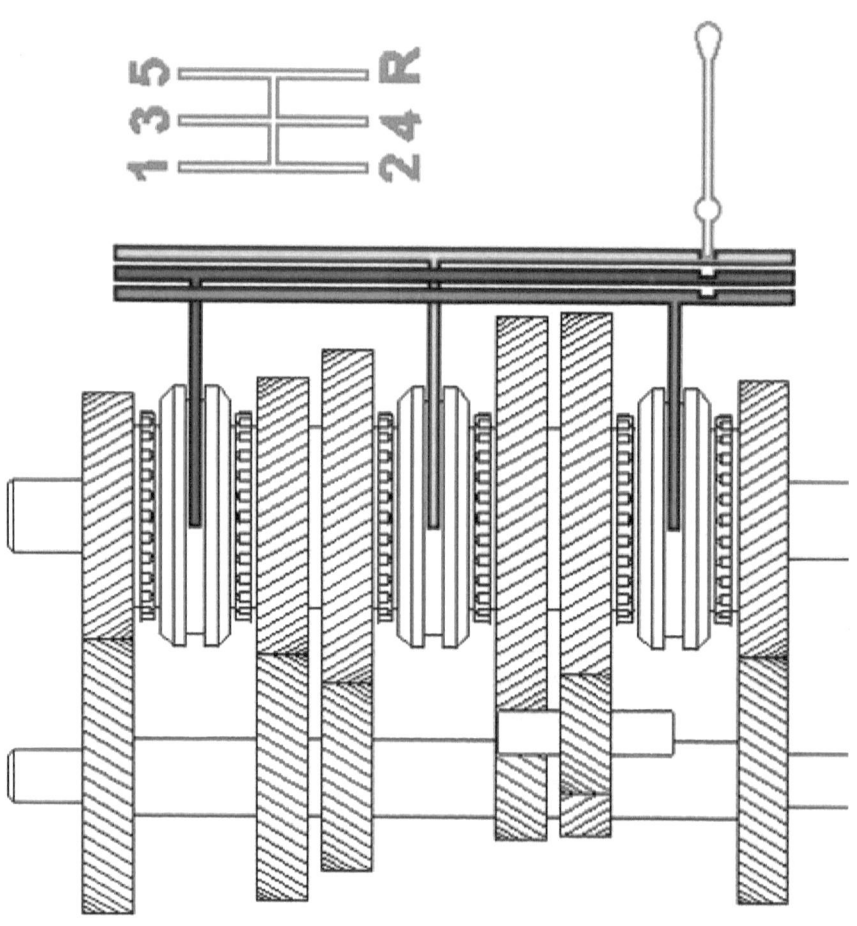

Diesmal nehmen wir ein Fünfganggetriebe. Sie sehen, wie einfach das Grundgetriebe sich auch z.B. auf sechs Gänge erweitern lässt. Hier fehlt auch der gradverzahnte Rückwärtsgang, also Schalten mit rollendem Fahrzeug ist in jedem Gang möglich. Doch wir wollen hier auf die in die Nuten der Schaltmuffen greifenden Schaltgabeln zusammen mit den oben waagerecht verlaufenden Schaltstangen hinaus.

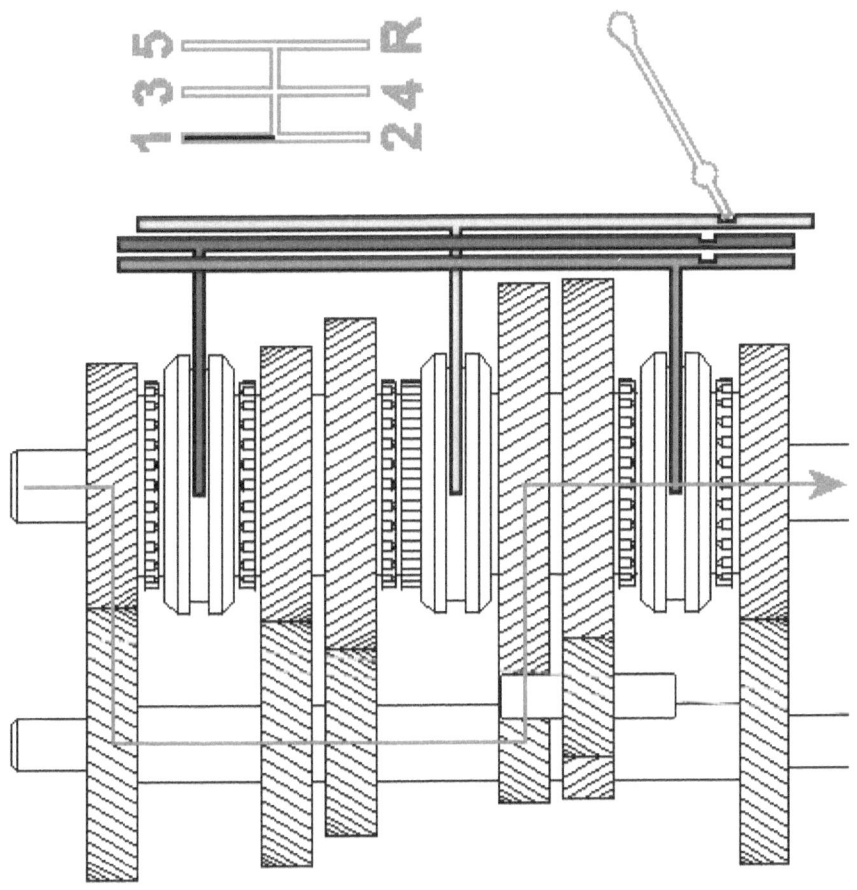

Links der Motor, rechts geht es zur Hinterachse.

Um in den ersten Gang zu gelangen, muss der Schaltknüppel auf uns zu, also in Fahrtrichtung nach links, bewegt werden, um in die Nut der Schaltstange für den ersten und zweiten Gang zu gelangen. Schiebt man ihn dann in Fahrtrichtung nach vorn, ist der Erste, nach hinten ist der Zweite drin. Genauer betrachtet gibt es also gar keine Möglichkeit, gleichzeitig einen der anderen Gänge einzulegen. Das H- Schema verhindert es wirkungsvoll.

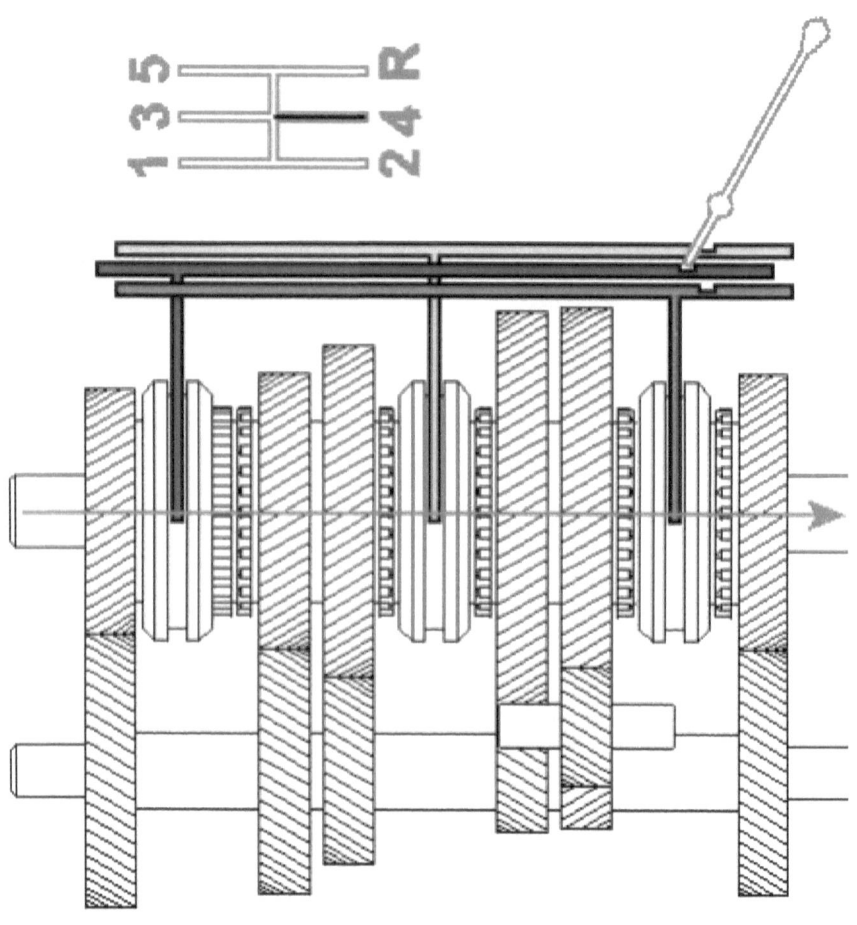

Hier noch einmal der vierte Gang. Er ist anders als die anderen, weil bei ihm nicht das entsprechende Gangrad mit der Welle verbunden wird auf der es sich dreht. Denn dieses Gangrad ist ein Festrad, allerdings bezogen auf die recht kurze Eingangswelle. Es hat die Aufgabe, unter allen Umständen das Drehmoment auf die Vorgelegewelle zu übertragen, auch in diesem Fall, wo diese gar nicht gebraucht wird. Denn die Schaltmuffe, drehfest mit der Ausgangswelle verbunden, macht nichts anderes, als beide Wellen miteinander zu verbinden.

Man wählt also mit dem H-Schema eine bestimmte Gruppe von zwei nebeneinander liegenden Gängen an und kann sich dann nur noch zwischen diesen beiden entscheiden. Wenn allerdings das Gestänge mit den Schaltgabeln ausgebaut ist, kann man sehr wohl zwei Gänge gleichzeitig schalten. Mechaniker sperren damit bisweilen die Wellen, um bestimmte Montagearbeiten durchführen zu können.

kfz-tech.de/YGt8

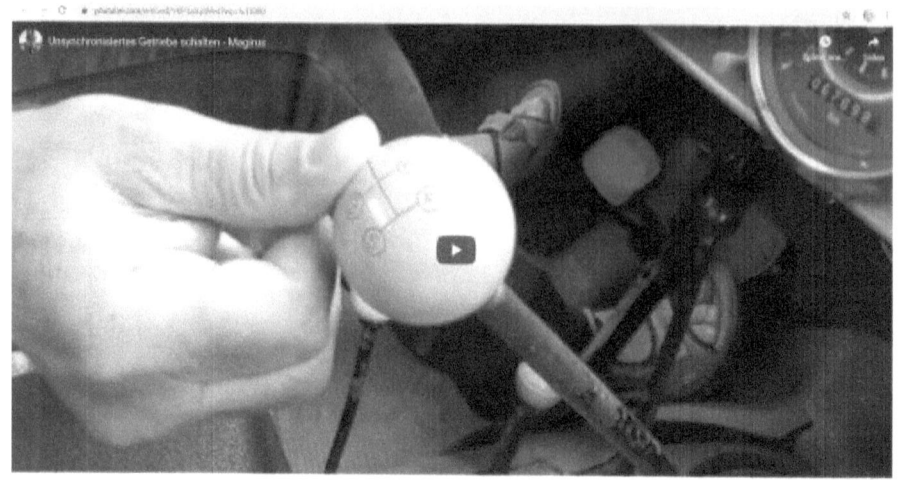

kfz-tech.de/YGt9

◱▤ Grundlagen 2

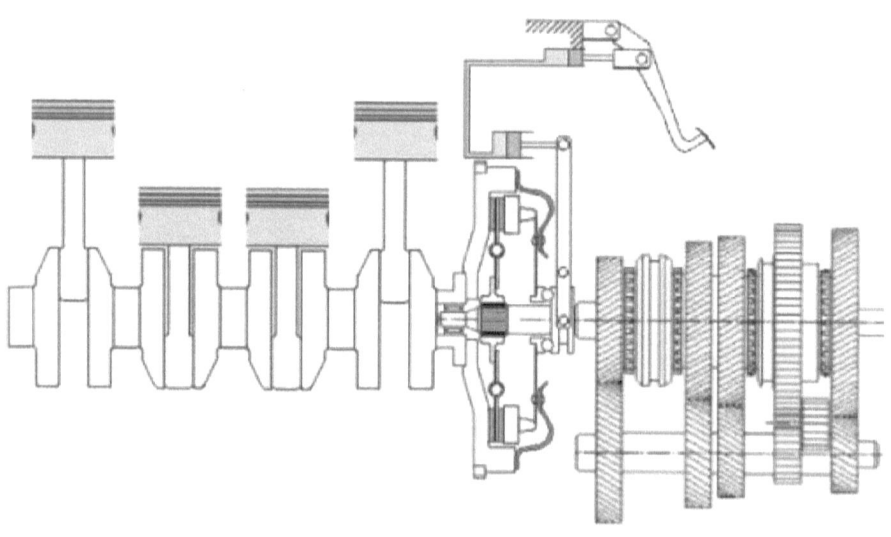

kfz-tech.de/PGt26

Wir wollen uns das Getriebe in seinen Funktionen der Reihe nach anschauen. Dabei darf man den Motor und die Kupplung nicht außer Acht lassen. Am besten dient dazu ein klassisches Vierganggetriebe, von dem wir ohnehin nur die Gänge 3 und 4 betrachten wollen. Die einzig etwas modernere Komponente ist die hydraulische Betätigung der Kupplung.

Gehen wir also in kleinen Schritten vor und betrachten möglichst viele Bedienvarianten. Noch ist Ruhe, sowohl Motor als auch Kupplung, Getriebe und dessen Ausgangswelle drehen sich nicht. Obwohl es heute vielfach schon keine Alternative gibt, starten wir den Motor zunächst ohne und dann mit Betätigung der Kupplung.

Was dreht sich bei der ersten Variante, wenn der Motor angesprungen ist? Klar, er selbst und die Kupplung. Und da diese unbetätigt ist, müssen auch Teile des Getriebes notgedrungen mitdrehen. Da es sich hier um ein gleichachsiges Getriebe für Frontmotor mit Hinterradantrieb handelt, treibt das erste Zahnrad links oben auf der Eingangswelle über das darunter befindliche die Vorgelegewelle an.

So weit so gut, werden Sie sagen, aber was dreht sich auf der Hauptwelle? Wichtig zu wiederholen ist hier, dass diese nicht mit der Eingangswelle verbunden ist. Sie beginnt links irgendwo unter dem oberen linken Zahnrad und endet rechts außerhalb des Getriebes. Besonders zu erwähnen ist, sie steht im erwähnten Betriebszustand still. Es wird kein Drehmoment auf die Hinterachse übertragen.

Aber gilt das auch für die auf ihr angeordneten Zahnräder? Natürlich nicht, denn die werden jedes für sich von je einem fest mit der drehenden Vorgelegewelle angetrieben, jedes mit einer anderen Geschwindigkeit. Man könnte sagen, die Drehzahlen der Räder auf der Hauptwelle nehmen nach rechts hin ab, wenn wir den gradverzahnten Rückwärtsgang unberücksichtigt lassen.

Interessant, was der Anlasser z.B. im Winter in einem Schaltgetriebe mit steifem Öl alles antreiben muss. Ob man deshalb neuerdings bei vielen Autos die Kupplung treten muss? Wohl eher nicht. Es betrifft vermutlich Fälle, in denen beim Starten versehentlich noch ein Gang geschaltet ist und es durch unerwünschte Bewegung des Fahrzeugs zu Unfällen kommt.

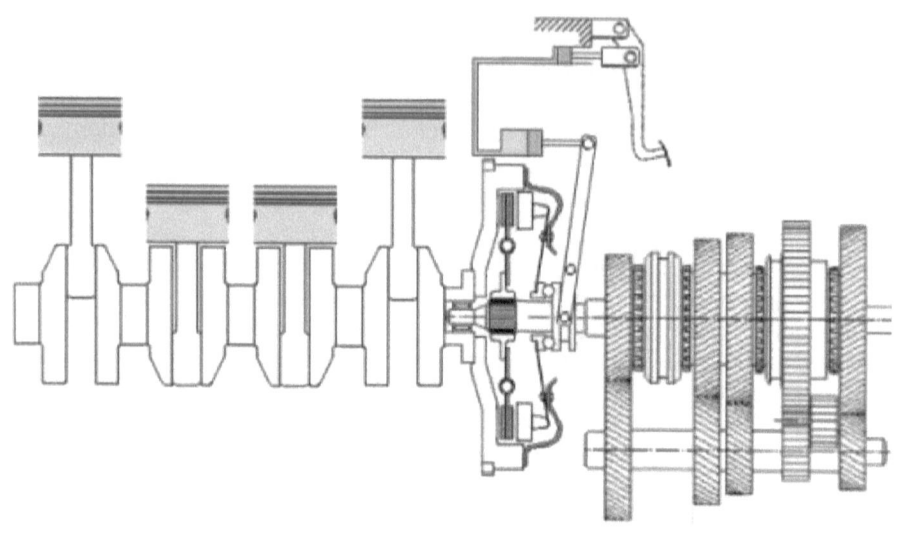

kfz-tech.de/PGt27

Jetzt wird während des Startvorgangs die Kupplung getreten. Sie dreht also nicht mehr in ihrer Gesamtheit mit. Betroffen sind nur noch das Schwungrad, der Kupplungsdeckel, die Membranfeder und ein Teil des Ausrücklagers. Der Rest steht einschließlich aller Getriebeteile still. Evtl. kaltes Öl belastet also den Anlasser und auch dessen Stromaufnahme nicht mehr.

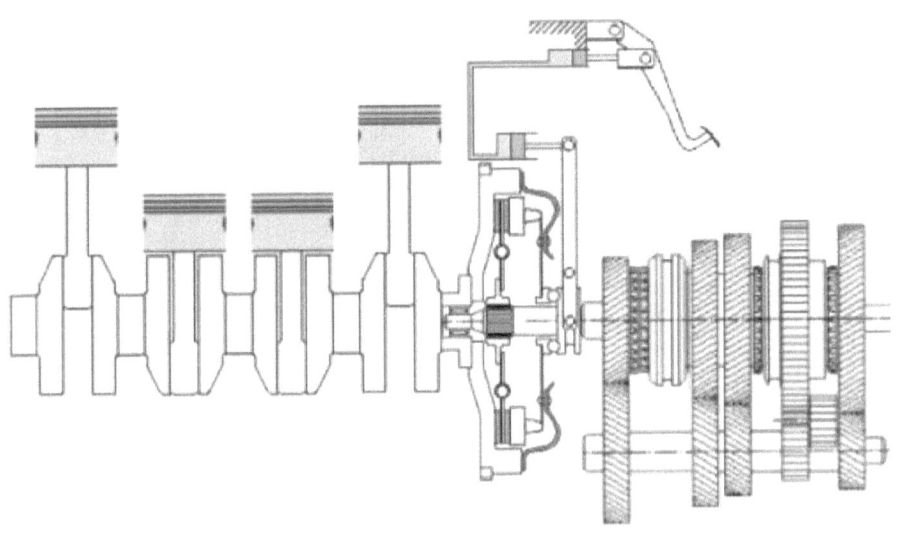

kfz-tech.de/PGt28

So, nun haben wir statt des ersten den dritten Gang eingelegt, die Kupplung vorsichtig kommen lassen und sind losgefahren. Hier drehen wieder alle Räder im Getriebe außer dem Rückwärtsgang mit, aber das Drehmoment verläuft im linken Zahnradpaar auf die Vorgelegewelle und direkt im nächsten Zahnradpaaar rechts davon wieder zurück auf die Hauptwelle.

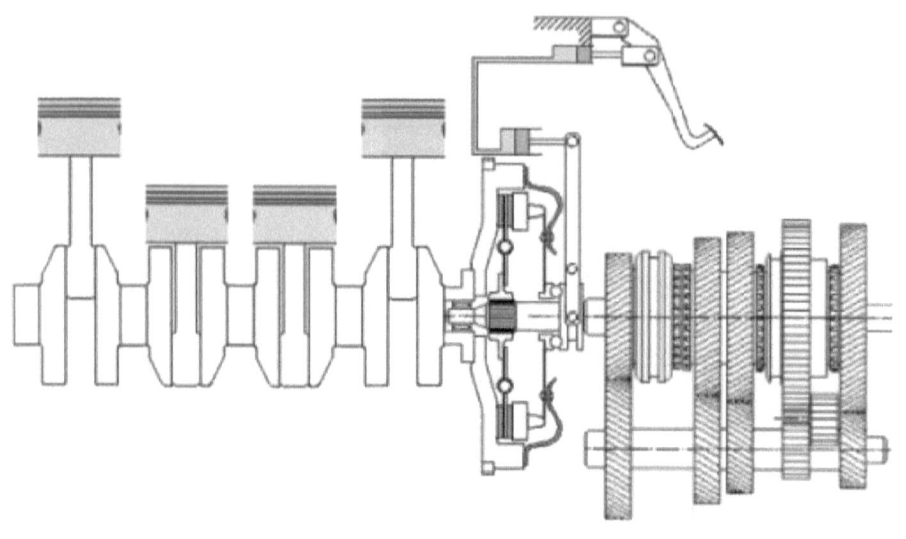

kfz-tech.de/PGt29

Um zu unserem eigentlichen Thema, nämlich dem Herunterschalten zu kommen, mussten wir beschleunigen und auch noch in den vierten Gang schalten. Wieder sind fast alle Zahnräder irgendwie angetrieben, aber keines ist mit der Übertragung von Drehmoment beschäftigt. Das und die Motordrehzahl geht unverändert rechts so heraus, wie es links hereingekommen ist.

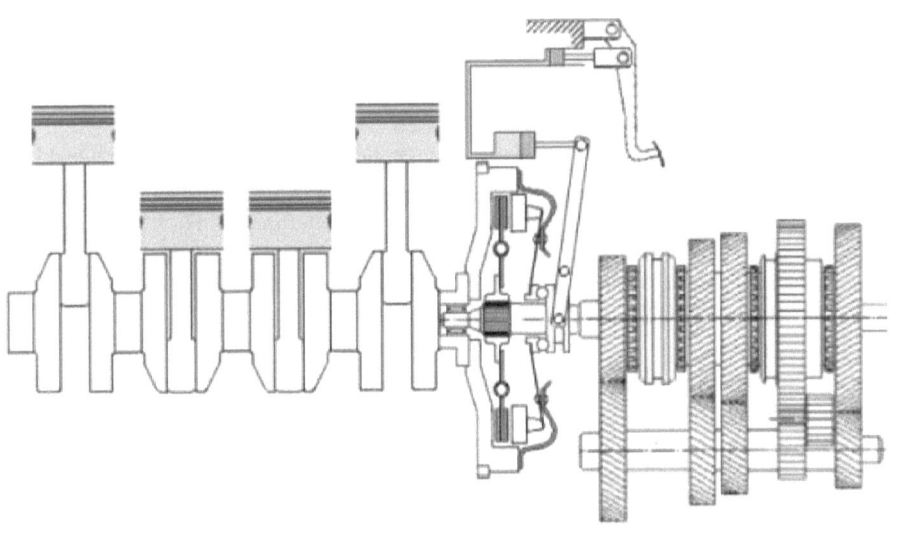

kfz-tech.de/PGt30

Wir waren im vierten Gang, wollen in den dritten zurückschalten. Was wir schon geschafft haben ist, den vierten Gang heraus zu nehmen. Was genau hindert uns eigentlich, jetzt einfach den Gangknüppel innerhalb der Gasse vom Leerlauf in den dritten Gang zu schieben?

Dazu muss man sich die Drehzahlen anschauen. Der Motor hat mitsamt dem Schwungrad und dem Kupplungsdeckel eine für den dritten Gang zu geringe Drehzahl, weil er eben noch über den vierten (direkten) Gang mit dem Achsantrieb verbunden war. Dies ist im Prinzip auch die Drehzahl der Kupplungsscheibe und der Zahnräder im Getriebe. Allein die Hauptwelle unter den oberen vier rechten Zahnrädern dreht für das Einlegen des dritten Ganges zu schnell.

Die Schaltmuffe geht diese Drehzahl mit, ist also zum Einrasten in die Vorverzahnung des Zahnrades vom dritten Gang ebenfalls zu schnell. Früher hat man in dieser Situation die Kupplung wieder einrücken lassen und mit sogenanntem Zwischengas u.a. das Zahnrad des dritten Ganges etwas beschleunigt. Beim Hochschalten wurde zwischen zweimaligem Kuppeln ein wenig gewartet.

> Für die genaue Dosierung des Gasstoßes ist vermutlich der Drehzahlmesser erfunden worden.

Probleme machte hauptsächlich das Zurückschalten. Wehe der Gasstoß war nicht adäquat. Egal ob zu schwach oder zu stark, es krachte, wenn man nach erneutem Treten der Kupplung den Gangknüppel Richtung dritter Gang schob. Hat man sich nach evtl. Krachen nicht getraut, durchzuziehen oder war das Einlegen des Ganges unmöglich, musste der Vorgang mit dem Zwischengas wiederholt werden.

Aus gutem Grund wurde, besonders beim Lkw, schon vor Erreichen einer Steigung zurückgeschaltet. Dann blieb bei mehr als einem Versuch wenigstens die Geschwindigkeit eingermaßen erhalten. Im Berg bestand die Gefahr, zum Stehen zu kommen, erneutes Anfahren erfordernd und möglicherweise Ärger mit den Nachfolgern. Wer also am Fuße einer Steilstrecke wohnte, musste sich wohl oder übel an die Geräuschkulisse mehrfacher Versuche des Zurückschaltens gewöhnen.

Das bisher gezeigte Getriebe passt zum Zurückschalten mit Zwischengas, ist doch hier nur eine Vorverzahnung an den schaltbaren Gangrädern sichtbar. Sie werden auch als 'Schaltklauen' bezeichnet, wonach diese Getriebeart auch benannt ist. Sie stellt schon einen Fortschritt gegenüber den Getrieben mit gradverzahnten Schieberädern dar. Stellen Sie sich nur die Länge der Schaltwege vor, wenn ganze Räder korrekt ineinandergeschoben werden müssen (Bild unten).

Zum Schluss noch eine Auflösung der Probleme mit der Synchronisierung. Die Reibflächen an den hier zusätzlich eingezeichneten Synchronringen, in Wirklichkeit noch ein wenig kompakter, sorgen für eine automatische Anpassung der Drehzahen. Voraussetzung ist natürlich auch hier, dass der Motor für die Zeit der Angleichung durch eine ordnungsgemäß betätigte Kupplung außen vor bleibt.

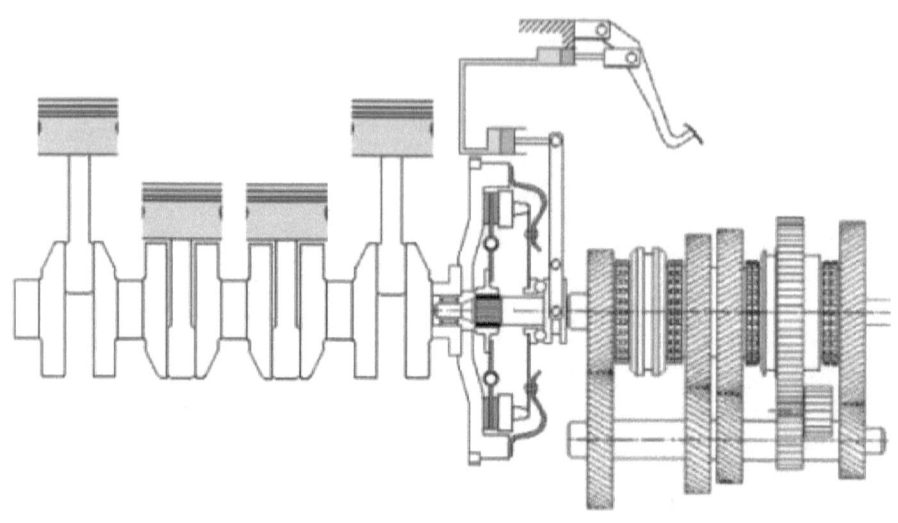

kfz-tech.de/PGt31

Je weniger Masse mit der unveränderlichen Drehzahl der Abtriebswelle synchronisiert werden muss, umso besser. In der Kupplung ist es ja nur die vergleichsweise leichte Kupplungsscheibe. Ist allerdings das Getriebe weiter weg vom Motor eingebaut, wie das bei einer Transaxle-Bauweise der Fall ist, dann haben es die Synchronringe wieder etwas schwerer. Völlig unnötig ist ohnehin heutzutage das Geben von Zwischengas geworden, eher verschleißfördernd, weil man es kaum hundertprozentig beherrscht.

> Ein modernes Schaltgetriebe kann u.a. durch etwas stärker provoziertes Zurückschalten geprüft werden.

▢▍▏▎ Grundlagen 3

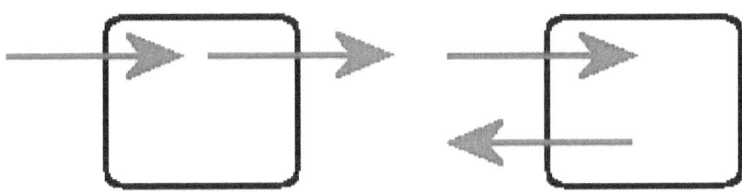

Es geht im Prinzip ebenso weiter wie im vorigen Kapitel. Wir müssen nur etwas moderner werden, denn der Frontmotor mit Hinterradantrieb ist schon längst kein Standard mehr. Da dominiert deutlich der Frontantrieb. Und genau hier wird es ein wenig komplizierter, weil wir es jetzt nicht mehr grundsätzlich mit einem längsliegenden Motor zu tun haben, sondern der jetzt noch platzsparender auch quer angeordnet ein kann.

Sie werden sich wundern, was mit so einem Triebwerk alles möglich ist. Motorseitig hat hier sogar ein V8 seinen Platz gefunden, allerdings speziell dafür konstruiert und nicht gerade im schmalsten Fahrzeug. Bis auf die großen Motoren scheint hier alles möglich zu sein, was man bisher so gewohnt war. Wer hätte je gedacht, dass es einmal Jeeps mit Quermotor und Allradantrieb geben würde?

Und welche Konsequenzen hat das, wenn Motor und Getriebe vorn zusammen sind? Es kann nicht mehr den Kraftfluss geben, wie er durch das Symbol oben links angedeutet wird. Dann müsste die Reihenfolge lauten: Motor, Getriebe, Achsantrieb. Nein, beim Frontmotor mit Frontantrieb und übrigens auch beim Motor nahe der Hinterachse mit Hinterradantrieb ist der Achsantrieb dem Motor näher zugeordnet als das Getriebe.

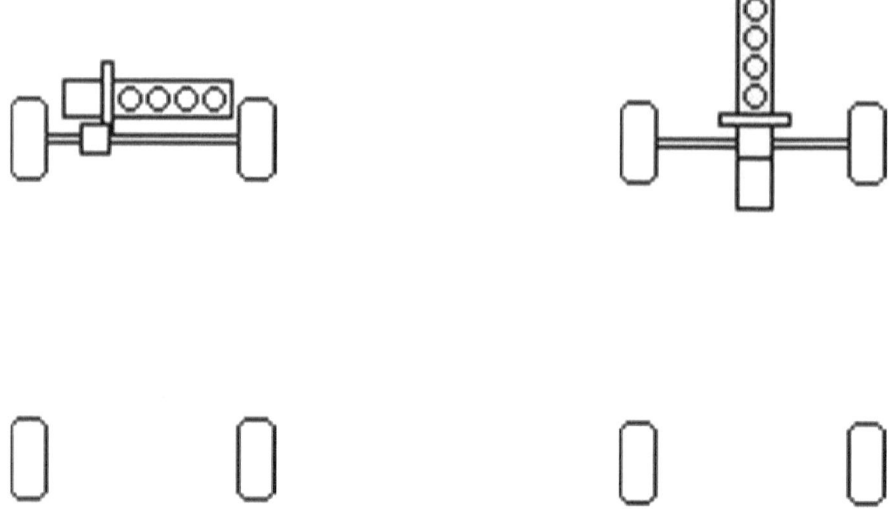

Hier sehen Sie noch einmal die beiden Anordnungen. Links die inzwischen häufigste mit Quermotor, während die mit Längsmotor eigentlich nur gebraucht wird, wenn die Serie auch wirklich große bzw. breite Motoren umfasst. Bei der Anordnung links werden in der Praxis ausschließlich Motoren bis vier Zylinder eingesetzt, vereinzelt fünf Zylinder in Reihe bzw. VR-5 und VR-6. Wichtig scheint hier der evtl. einberechnete Platzbedarf für einen Hybridantrieb zu sein.

Die rechte Antriebseinheit hat natürlich den leicht erkennbaren Nachteil der Kopflastigkeit des Fahrzeugs. Dafür hat sie den etwas einfacher zu realisierenden Allradantrieb. Jedoch scheint das Paar Zahnräder nicht von Belang zu sein, dass beim Quermotor zur Erreichung dieses Ziels zusätzlich nötig wäre. In der Kfz-Geschichte hat es natürlich beide Antriebe auch hinten gegeben, sogar mit den Motoren vor der Hinterachse.

Grundsätzlich belasten beide Antriebe die Antriebsachse, was im Winter von Nutzen sein kann. Auch dürften sie etwas leichter sein, weil die Kardanwelle und ihre Lagerung fehlen. Auch ist der Achsantrieb meist nicht mehr als solcher zu erkennen, weil dieser in ein gemeinsames Gehäuse mit dem Getriebe einzieht. Wir betrachten hier aber ausschließlich die Getriebeabteilung.

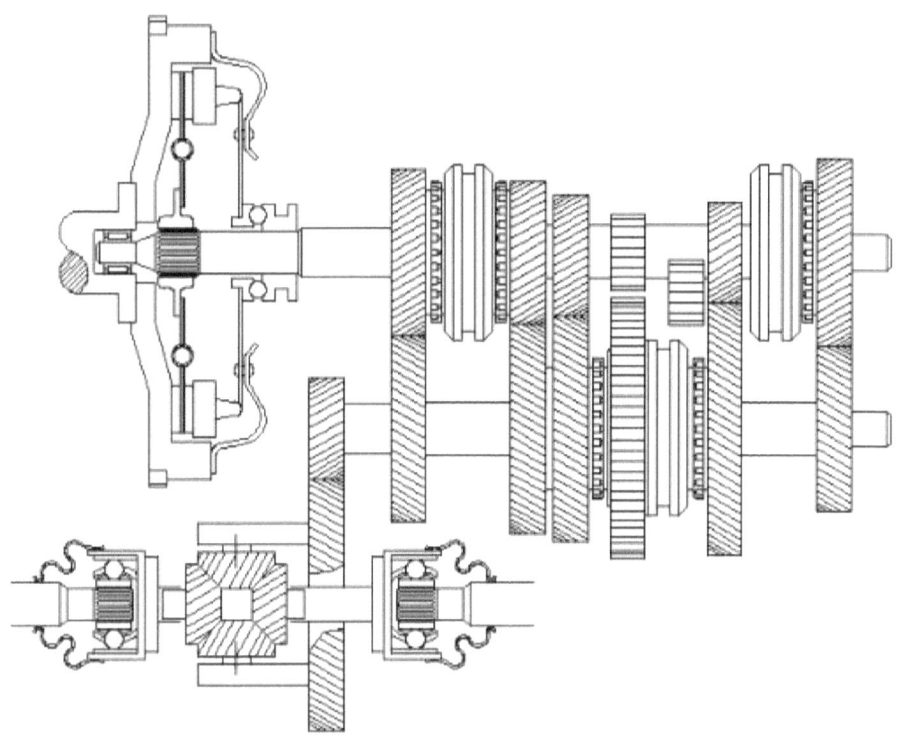

Hier sehen Sie das Innenleben der Antriebseinheit jenseits des Verbrennungsmotors. Nur noch seine Kupplung links ist mit eingezeichnet, damit man auf seine Anordnung schließen kann. Und jetzt kommt die Überraschung: Wenn Sie ganz genau hinschauen, werden Sie feststellen, dass der Getriebeteil in den Darstellungen oben und unten gleich ist. Dabei lassen wir das letzte Zahnrad auf der Abtriebsachse zunächst außer Acht, weil es zum Achsantrieb gehört.

.

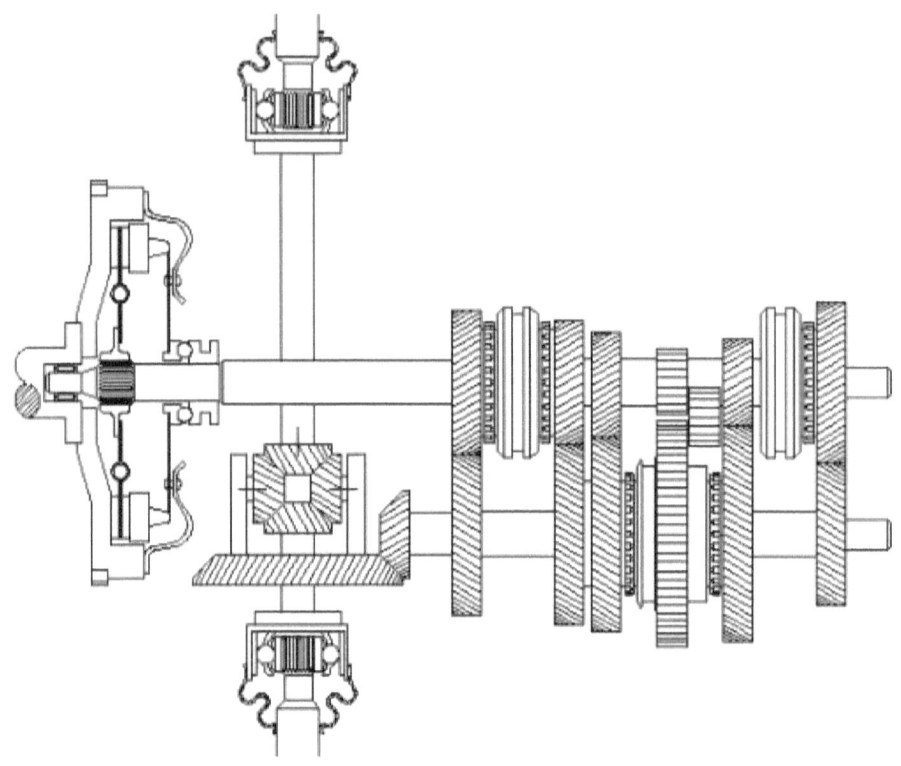

Und dem Getriebe kann es auch völlig egal sein, ob seine Antriebswelle durch den Gehäuseteil des Achsantriebs geht, wie das bei der Längsanordnung von Motor und Getriebe der Fall ist. Hauptsache, die Abtriebswelle kommt an der gleichen Seite heraus, an der die Antriebswelle hineingegangen ist.

Wir haben natürlich bewusst die Zahnräder der beiden Getriebe möglichst in gleicher Weise angeordnet. Es ist eine etwas seltsame Anordnung, nur aus der Entwicklung des Schaltgetriebes heraus erklärbar. Das hat im Prinzip mit drei Gängen angefangen, wurde dann auf vier Gänge und, hier jetzt deutlich erkennbar, auf fünf Gänge erweitert. Die beiden Getriebe haben also eigentlich jeweils vier Gänge, die später auf fünf erweitert wurden. Versuchen Sie, es selbst einmal einzugrenzen.

Wir lassen also die obere rechte Schaltmuffe mitsamt dem dann folgenden Zahnradpaar zunächst außer betracht. Dann müsste klar sein, dass von der mit der Kupplung verbundenen Antriebswelle ausgehend von links nach rechts die Gänge Vier, Drei, Zwei, Rückwärts und Eins angeordnet sind. Anders als beim Getriebe des vorigen Kapitels ist die Antriebswelle nicht geteilt. Wir bezeichnen deshalb dieses Getriebe auch als 'zweiwellig' im Gegensatz zum schon erklärten 'dreiwelligen'.

Es gibt also keine Vorgelegewelle, nur eine Antriebs- und Abtriebswelle. Jetzt könnte man wieder alle Räder auf der Abtriebs- statt der Vorgelegewelle festsetzen. Tut man in der Regel aber nicht, sondern man verteilt sie wie hier auf beide Wellen. Also muss für den vierten Gang die obere linke Schaltmuffe nach links und für den dritten nach rechts verschoben werden. Für den zweiten Gang bewegt man die untere rechte Schaltmuffe nach links und für den ersten nach rechts.

Für den auch in diesem Fall unsynchronisierten Rückwärtsgang muss das gradverzahnte Zwischenrad in die Gasse der beiden restlichen gradverzahnten Zahnräder geschoben werden, natürlich in Mittelstellung der unteren rechten Schaltmuffe. Jetzt können wir endlich den fünften Gang hinzunehmen, indem wir dessen Schaltmuffe nach rechts rücken. Bei solcherart nachgerüsteten Getrieben kann sich der fünfte Gang auch außerhalb der Wand des Getriebegehäuses befinden, nur durch einen Deckel geschützt.

Noch ein wichtiger Unterschied zu dem Getriebe im vorigen Kapitel. Weil hier An- und Abtriebswelle in einer Flucht liegen, wird es auch als 'gleichachsig' bezeichnet, während das bei unseren beiden Getrieben nicht der Fall ist, was dann 'ungleichachsig' bedeutet. Der Unterschied zwischen unseren beiden Getrieben in diesem Kapitel ist das Stirnrad auf der Abtriebswelle bei Quer- und das Kegelrad bei Längsanordnung.

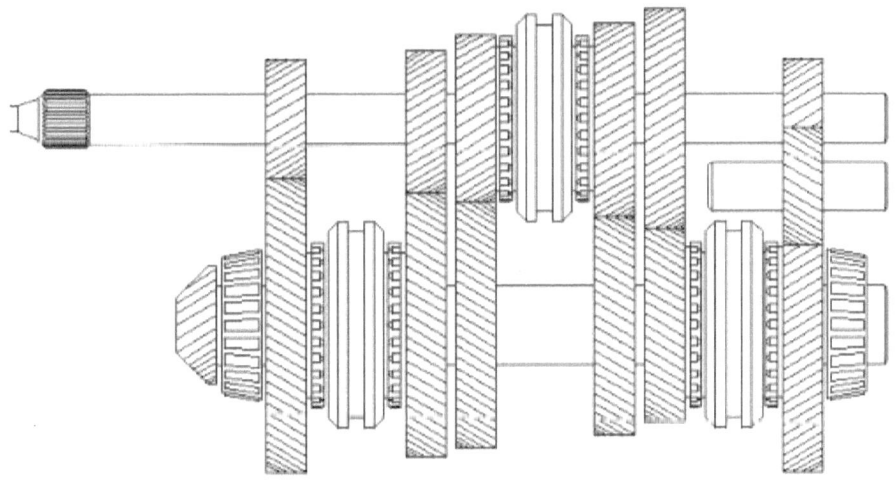

Hier noch einmal ein ungleichachsiges Getriebe in Längsanordnung. Sie sehen es ihm hoffentlich an, es ist schon bei der Konstruktion mit fünf Gängen geplant worden. Die liegen dann auch schön hintereinander. Eine zusätzliche Veränderung ist an den schrägverzahnten Gangrädern des Rückwärtsgangs zu beobachten. Er wird jetzt ebenfalls über einen Synchronring geschaltet. Da sich darunter in der Regel immer eine Synchroneinrichtung befindet, könnten Sie den Gang auch noch einlegen, wenn das Fahrzeug noch rollt.

kfz-tech.de/PGt20

So sieht also ein zweiwelliges, quer eingebautes Fünfganggetriebe aus. Die Aufgabe für Sie ist, das Schaltschema des Getriebes darüber zu bestimmen. Um die Lösung nicht nur einfach und leicht wahrnehmbar zu präsentieren, hier die Beschreibung in einem Satz. Der fünfte Gang liegt vorne rechts und der Rückwärtsgang diesem genau gegenüber.

⃞▊╎╎ Synchronisation

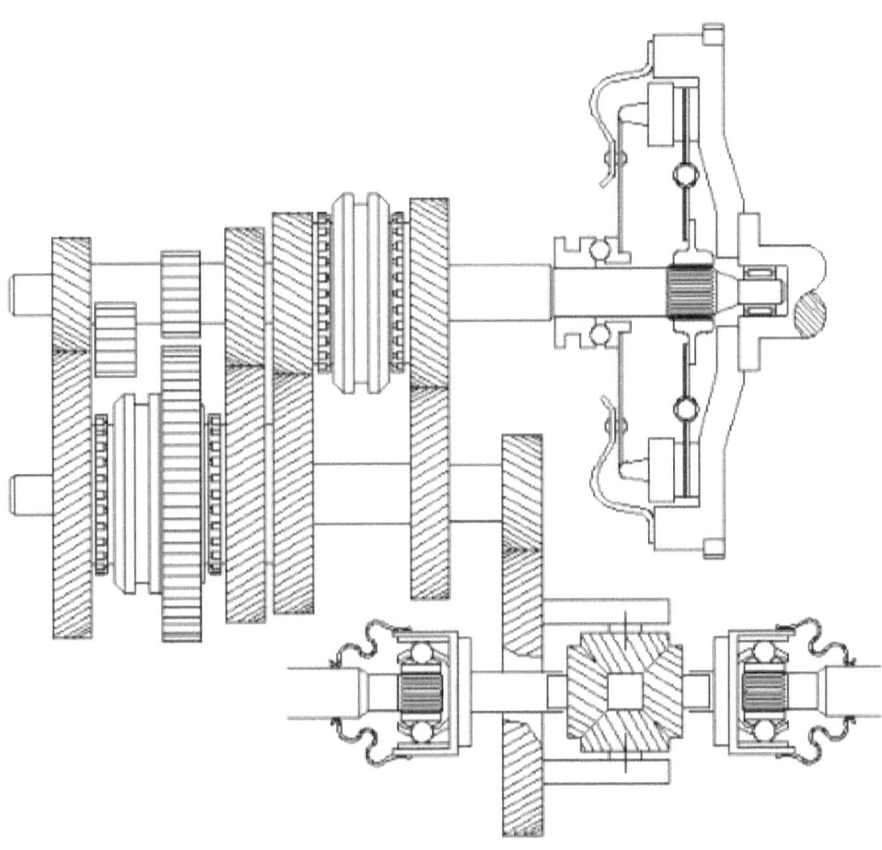

Im Kapitel 'Grundlagen' sind wir von einem Getriebe zwischen Motor und Achsantrieb ausgegangen und haben das 'Standardantrieb' genannt. In Wirklichkeit aber hat sich längst der hier im Bild oben mit Kupplung und Achsantrieb gezeigte Standard etabliert, der Quermotor mit Frontantrieb. Der Kraftfluss geht also nicht über vier, sondern in jedem Gang über zwei Zahnräder. Es gibt auch keinen 'direkten Gang' mehr, also einen Durchtrieb 1 : 1 ohne wirkliche Beteiligung von Gangrädern. Trotz dieser Änderungen ist die Zahl der nötigen Zahnräder gleichgeblieben.

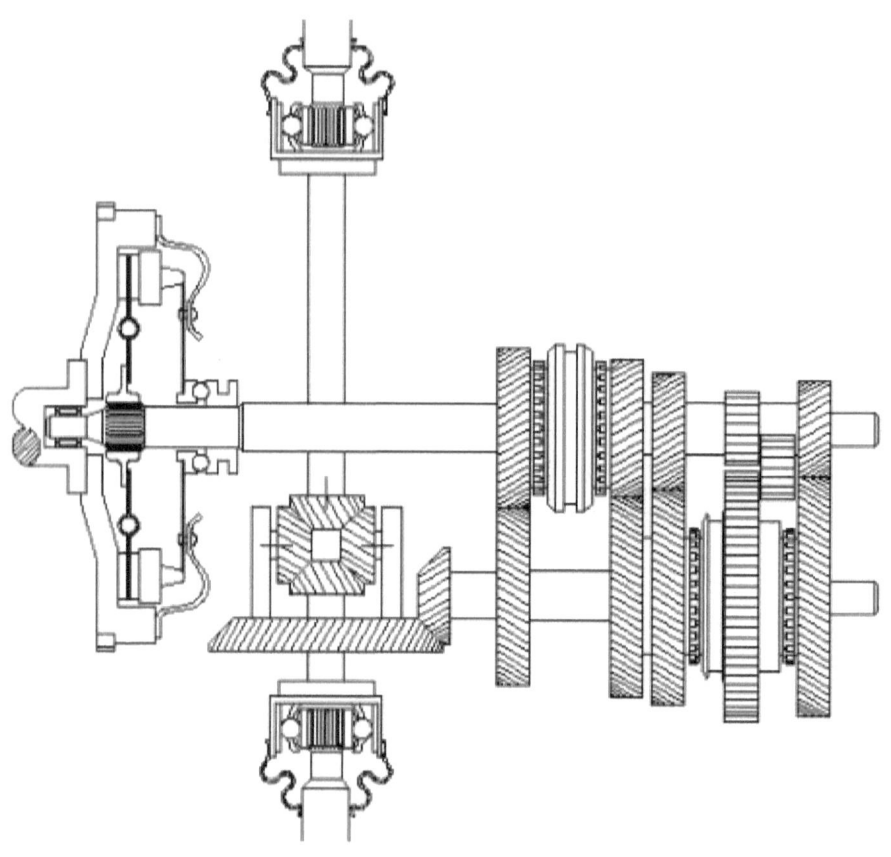

Hier noch so ein Exemplar des ungleichachsigen Getriebes aus dem Kapitel Getriebe 2. Es deckt die dritte der meist vorhandenen Möglichkeiten der Anordnung von Motor, Getriebe und Achsantrieb ab, nämlich den längsliegenden Frontmotor mit Frontantrieb. Natürlich kann man das auch rumdrehen und erhält dann einen längsliegenden Heckmotor mit Hinterradantrieb. Sie sehen, das Getriebe unterscheidet sich nicht vom vorigen, nur seine Antriebswelle ist länger, weil sie durch den Achsantrieb hindurchgeführt wird.

Bei allen drei bisher erwähnten Getriebebauarten ergibt sich immer wieder das gleiche Problem der Synchronisation beim Schalten. Der Gang, den Sie gerade verlassen, hat eine andere Übersetzung als der, in den Sie jetzt Schalten wollen. Beim Hochschalten müsste entweder das mit dem Antrieb verbundene Zahnrad verlangsamt oder das mit dem Abtrieb verbundene beschleunigt werden.

Umgekehrt ist es beim Herunterschalten. Schalten Sie einmal, bei sagen wir 60 km/h in den zweiten Gang, dann merken sie deutlich, wie sich Motordrehzahl erhöht. Da der Zeitfaktor beim Hochschalten hilft, aber beim Herunterschalten schadet, fällt der Synchronisation letzteres schwerer. Sie sollten das aber nicht durch schnelles Schalten zu kompensieren versuchen, im Gegenteil.

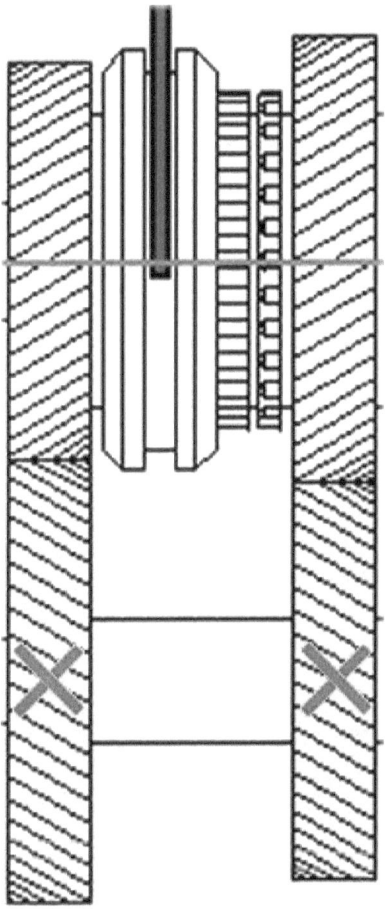

Oben die Antriebs- und unten die Abtriebswelle. Die nach links geschobene Schaltmuffe verbindet das kleinere Zahnrad mit einem entsprechenden unten. Es ist also der kleinere Gang geschaltet, nehmen Sie an der dritte. Sinn der Aktion ist es mit der Schaltmuffe ganz nach rechts in den nächsthöheren Gang zu gelangen, nehmen Sie wieder an, den vierten.

Das geht bei getretener Kupplung gut bis zur Mittelstellung, danach wird es problematisch. Wenn Sie sich einmal genau die einzelnen Zahnräder und besonders deren Größenverhältnisse anschauen, kommen sie automatisch zu dem Schluss, das Zahnrad des vierten Ganges oben rechts läuft langsamer als das des dritten, die Welle und vor allem die Schaltmuffe.

Das Ergebnis dürfte klar sein: Die Schaltmuffe versucht, mit ihrer Innenverzahnung über die kleine Vorverzahnung des oberen rechten Gangrades zu kommen, was anlässlich der unterschiedlichen Drehzahlen Verschleiß und unschöne Geräusche ergibt. Es wäre also wünschenswert, wenn die Drehzahl der Schaltmuffe etwas niedriger und damit angepasster wäre.

Bei unsynchronisierten Getrieben hat man früher schlicht einen Moment gewartet. Aber Vorsicht, es gehört viel Gefühl und Erfahrung mit dem betreffenden Getriebe dazu, dann ohne Verschleiß und Geräusch in den nächsthöheren Gang zu kommen. Unten ist jetzt der sogenannte 'Synchronring' abgebildet, der hier Abhilfe verspricht. Er hat die gleiche Vorverzahnung wie das Gangrad, eine konusartig ausgebildete Fläche innen und eine außen.

Was hier nicht so gut sichtbar ist, sind Nuten auf der Rundung. Jetzt stellen Sie sich einmal diesen Ring von links aufgeschoben auf den Konus des Gangrades unten vor. Drücken Sie ihn etwas fester an, erzeugen Sie Reibung zwischen der Innenfläche des Synchronrings und der Außenfläche des Gangradkonus. Genau eine solche Reibung bewirkt letztlich die Synchronisation.

Aber wozu hat der Synchronring zusätzlich diese kleine Verzahnung? Die haben etwas mit den Nuten zu tun. In die Nuten eingreifende entsprechend schmälere Keile des Synchronrings ermöglichen diesem gerade einmal die Verdrehung um jeweils einen halben Zahn in beide Richtungen. Ist also, wie in unserem Fall, das Gangrad langsamer als die Schaltmuffe, verhindert die Verzahnung des Synchronrings wirksam eine weitere Bewegung der Schaltmuffe zur Vorverzahnung des Gangrades.

Man nennt das 'Sperrsynchronisation'. Ein Gang kann erst dann endgültig geschaltet werden, wenn Gleichlauf zwischen Schaltmuffe und Gangrad erreicht ist. Es ist sogar noch ein wenig komplizierter. Denn natürlich wird die Schaltmuffe, wie schon gezeigt, durch den Schaltknüppel bewegt. Und je stärker der die Schaltmuffe gegen die Verzahnung des Synchronkörpers drückt, umso schneller wird der Gleichlauf erzeugt, aber umso größer ist auch der Verschleiß.

Inzwischen gibt es doppelte und für die unteren Gänge sogar dreifache Synchronisation mit sechs Reibflächen.

An dieser Stelle wichtig zu wissen, eine Synchronisation arbeitet auf der Basis von Reibung und hat deshalb nur eine begrenzte Lebensdauer. Diese wird stark davon beeinflusst, wie viel Zeit man ihr für die Herstellung des Gleichlaufs lässt. Diese Bereitstellung ist beim Zurückschalten fast noch wichtiger, weil hier meist mehr Arbeit geleistet werden muss. Also, sie haben es buchstäblich in der Hand. Zum Schluss des Kapitels noch einmal ein echtes gleichachsiges (Oldtimer-) Getriebe einschließlich der gerade besprochenen Synchronringe:

Leerlauf

1. Gang

2. Gang

3. Gang

4. Gang

R-Gang

Deutsche Untertitel möglich.

kfz-tech.de/YGt34

▢||| Schaltung

kfz-tech.de/GtP1

Zweifellos, den derzeitigen Stand der Technik zeigt dieses Getriebe nur bedingt. Eher ein alter Hund, aber er kann uns gut die Funktion der Schaltung zeigen. Gemeint ist der kleine Aufbau oben halblinks. Übersehen Sie das vermutlich enorm gewichtige Gehäuse aus Gusseisen. Man kann nur vermuten, um welch großen Betrag von zig Kilogramm die Masse durch ein modernes Alu-Gehäuse schrumpfen würde, noch mehr mit Magnesium-Zusatz.

Und übersehen Sie bitte auch die vielen Schmiernippel und loben Sie den Fortschritt, dass diese nicht mehr bei einem solchen Getriebe in eingebautem Zustand mit neuem Fett versehen werden müssen. Also das angeflanschte Teil da oben. Dazu gehört natürlich ein damals üblicher Standardantrieb mit Motor relativ weit vorn und Schaltknüppel - hier hat der Begriff noch seine Berechtigung - etwas weiter hinten.

Der greift also diesmal nicht direkt in das Getriebe, sondern ist über eine massive Stange mit dem oben nach rechts gerichteten Flansch verbunden. Die Vor- und Rückwärtsbewegung wird direkt auf die Stange übertragen, wenn auch alle Bewegungen ins Gegenteil verkehrt. Wird diese durch den Gangknüppel leicht verdreht, dann kann damit die Schaltstange gewechselt werden. Es entsteht das H-Schema mit der Ebene 1./2. Gang ganz hinten.

Sie merken schon, man muss hier umgekehrt denken. Deshalb haben wir das Schema von dem geschalteten ersten Gang noch einmal wiederholt. Bei angenommenem Motor links muss der Schalthebel auf uns zu und nach links bewegt werden, damit die betreffende Schaltstange ganz hinten nach rechts geschoben wird.

Und was ist sonst noch an dem Getriebe ganz oben interessant? Sie sehen, wie die einzelnen Schaltstangen mit den Schaltmuffen verbunden sind, und auch, warum diese umlaufende Nuten haben. Links sind die beiden Zahnräder verdeckt, die eine Verbindung von der Antriebs- zur Vorgelegewelle herstellen. In der Mitte schön zu sehen ist der gradverzahnte Rückwärtsgang mit dem kleinen Zahnrad zur Drehrichtungsumkehr, das von einer kleineren Schaltgabel dazwischengeschoben wird, ebenfalls von einer Schaltstange oben über Zwischenhebel.

kfz-tech.de/GtP2

Ganz rechts, schon fast am Ausgang, darf man noch einen separat zu schaltenden Geländegang vermuten. Nicht auszuschließen ist aber, dass es sich um einen sogenannten Overdrive handelt, der, hauptsächlich in Großbritannien üblich, früher die Drehzahl der meist langhubigen Motoren auf der Autobahn half zu reduzieren. Wer (vergrößert und) sehr genau hinsieht, kann sogar den Antrieb für die Tachowelle erkennen.

kfz-tech.de/GtP3

Schauen Sie sich dieses Bild von einem Chrysler Airflow aus dem Jahr 1936 an. Nein, wir wollen uns nicht seiner sehr berühmten für die damalige Zeit aerodynamischen Karosserie zuwenden, sondern schlicht nur den Schalthebel anschauen. Der geht nämlich garantiert direkt ins Getriebe, allerdings mit dem Nachteil, dass es sehr weit vorne angeordnet ist. Können Sie sich vorstellen, dass Sie hier den Hebel beim Wechsel in den zweiten Gang eher nach unten drücken mussten als auf sich zu ziehen?

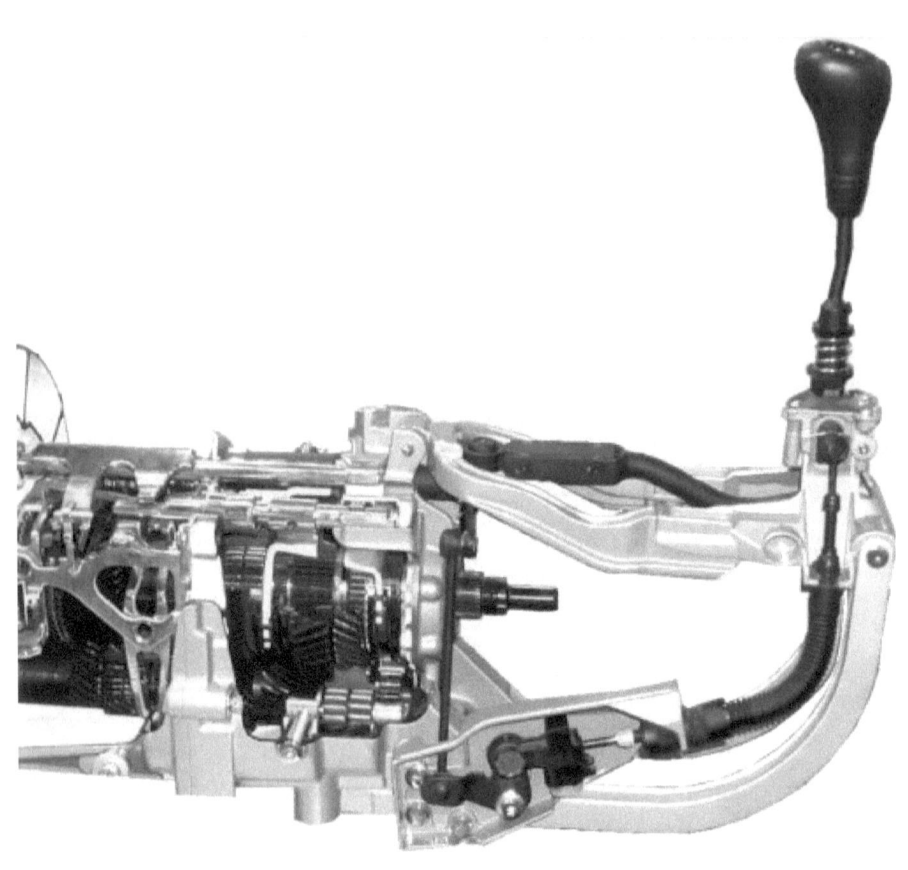

Hier wird es schon deutlich moderner. Sie sehen es am Schalthebel. Die Stange überträgt die Vorwärts-/Rückwärts-Bewegung und der kleine Bowdenzug über drei Hebel die Drehung, einer davon unmittelbar am Schalthebel. Sie werden vielleicht bemerkt haben, dass wir uns immer noch mit der Schaltung von längs angeordneten Getrieben befassen.

Die gezeigte Methode ist inzwischen zur am häufigsten angewandten geworden, ein quer angeordnetes Getriebe zu schalten. Vorher hat man das mit Gestänge und diversen Umlenkungen realisiert. Lange Zeit konnten die Bowdenzüge diesen in punkto Präzision nicht das Wasser reichen. Aber ein Gestänge musste natürlich jeder auch nur wenig geänderten Lage des Getriebes angepasst werden.

Das kann man sich hier sparen, sofern nur die Züge lang genug sind. Problematisch ist bei einem Bowdenzug nicht so sehr das Ziehen als vielmehr das Drücken. Würde man sie hier nur fürs Ziehen anwenden, bräuchte man vier davon und eine noch schwierigere Einstellung. An der

Feder am Schalthebel mögen Sie erkennen, dass hier auch die spezielle Sicherung für den Rückwärtsgang eingebaut ist.

kfz-tech.de/GtP4

Zum Schluss müssen wir noch einmal ihre Phantasie ein wenig bemühen. Wir befinden uns jetzt auf der Oberseite des Getriebes. Lassen Sie die Zahnräder drinnen außer acht und konzentrieren Sie sich auf die vier eng übereinander geschichteten Flachmetalle. Das sind nämlich jetzt unsere Schaltstangen, denn die müssen nicht notwendigerweise rund sein. Vorteil hier, der Weg von einer zur nächsten Schaltstange ist angenehm kurz.

So jetzt denken Sie sich eine von oben in dieser Öffnung geführte Welle mit einem Ausleger, der so schmal ist wie Flachmetalle. Der Bowdenzug für die Links-/Rechts-Bewegung des Schalthebels führt ihn mehr oder weniger in diese Öffnung und der andere verursacht eine Drehung, die das gerade bündige Flachmetall nach links oder rechts bewegt. Ganz unten noch einmal eine Führung der Welle, denn es kommt hier sehr auf Präzision und wenig Spiel an.

kfz-tech.de/GtP6

Klassisches, längs eingebautes Getriebe mit kurzer Stangenübertragung

◘▮▮▮ Lenkradschaltung

1939er Plymouth Convertible Coupé

Nein, mit sechs Gängen hat es die Lenkradschaltung nie gegeben. Nach unserem Wissen mit fünf auch nicht, aber wir sollten vorsichtig sein, denn drei Schaltgassen waren später durchaus normal.

kfz-tech.de/PGt5

Allerdings begonnen hat die Lenkradschaltung ihre Karriere mit zwei Schaltgassen, nämlich bei zur Wahl stehenden drei Gängen. Dann war der erste nahe dem Lenkrad nach unten und der zweite in der gleichen Ebene nach oben der R-Gang.

Schaltanzeige im Armaturenbrett - Ford Edsel

Bei drei Schaltebenen blieb der R-Gang allein in seiner Ebene übrig. Viel einfacher war die Bedienung von automatischen Getrieben, weil alle Wahlmöglichkeiten in einer Ebene hintereinander lagen. Aber auch bei Schaltgetrieben reicht eine im Vergleich zur Lenksäule etwas dünner dimensionierte Welle, die vom Schalthebel zwischen den verschiedenen Schaltgassen in Längsrichtung verschoben und für die Gangwahl entsprechend verdreht wird.

Hier eine Anbindung an das Getriebe über Gestänge . . .

Am unteren Ende werden beide Bewegungen meist auf ein Gestänge oder seltener auf Bowdenzüge übertragen. Das funktioniert eigentlich recht präzise, wären da nicht gegenüber einer sportlichen Mittelschaltung die längeren Schaltwege. Der wichtigste Vorteil war wohl die Möglichkeit einer Sitzbank für drei Personen vorn. Auch konnten die Plätze etwas leichter gewechselt werden. Das alles verschwand spätestens mit dem Aufkommen von Dreipunkt-Sicherheitsgurten.

Durch das Verschwinden der Sitzbank wurde auch die Lenkradschaltung seltener. Spätestens die mehrfachen Verstell-Möglichkeiten heutiger Lenkungen hätten ihr ohnehin den Garaus gemacht.

Bleibt noch die sogenannte Krückstockschaltung. Sie sehen es am Bild oben, die ist ebenfalls dem Lenkrad sehr nahe. Eigentlich jedenfalls beim 2CV und hier beim R4 nach dem H-Schema funktionierend, hat sie bisweilen doch Ratlosigkeit hervorgerufen. Dabei ist sie genial einfach konstruiert.

Beim R4 ist nämlich das Getriebe vor dem Motor positioniert. Aus ihm ragt der hier im Bild von unten kommende Schalthebel. Der Krückstock greift jetzt über den Motor hinweg auf diesen zu. Übrigens wurden die ersten R4 mit nur drei Gängen trotz des Getriebes vorn über eine Kurbel durch ein Loch in der Stoßstange angeworfen.

Hier eine Art Krückstock noch älteren Ursprungs, nämlich aus DKW-Zeiten. Das Bild stammt natürlich von einem Trabant von Sachsenring. Gegenüber der Renault-Schaltung gibt es zwar auch hier ein H-Schema, nur ist zum Armaturenbrett hin unten der erste, oben der zweite und zum Lenkrad hin gezogen ebenso der dritte und und vierte Gang. Für Rückwärts muss man wegen einer Sperre kräftig drücken und ebenfalls nach unten.

Video 1: kfz-tech.de/YGt1

Video 2: kfz-tech.de/YGt2

▢▮❙❙❙ Schaltklauengetriebe

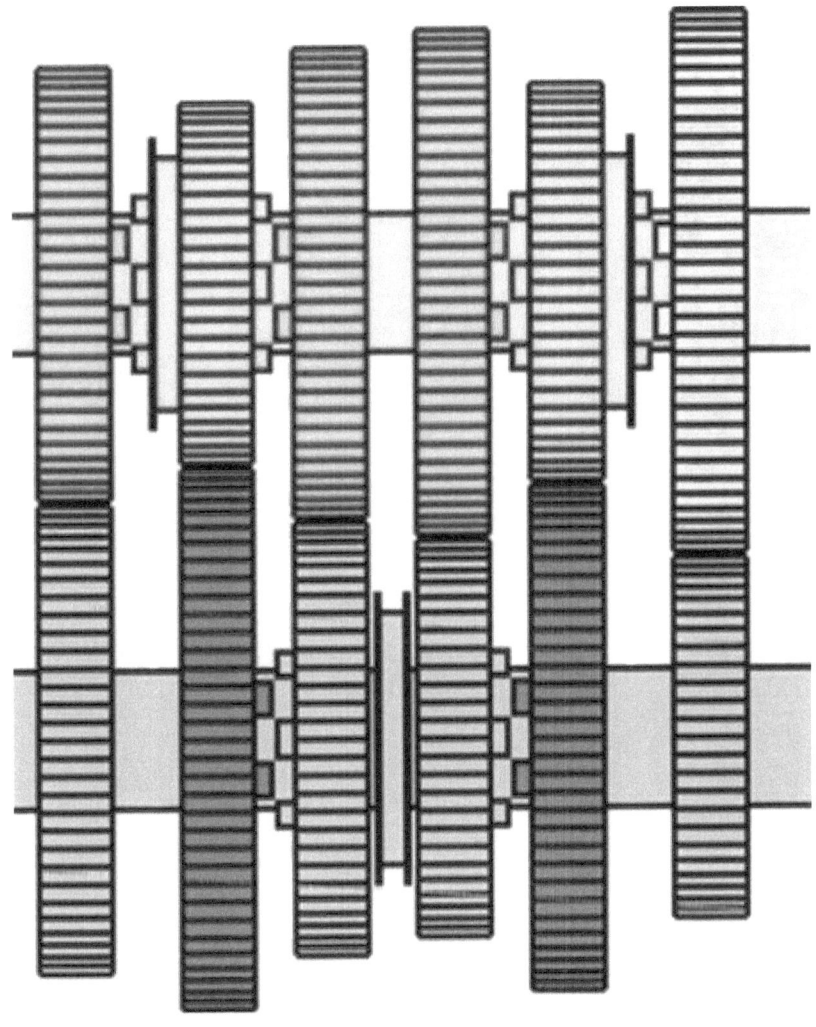

kfz-tech.de/PGt32

Zunächst wollen wir uns den grundsätzlichen Aufbau dieses Getriebes anschauen. So viele Zahnräder auf jeder Welle, wie das Getriebe Gänge hat, alle gradverzahnt. Das ist allerdings nur für jeweils die inneren vier nötig, weil die gegeneinander verschoben werden, obwohl sie noch miteinander kämmen. Die äußeren könnten im Prinzip auch schrägverzahnt sein, denn sie sind fest mit den Wellen verbunden, also nicht seitlich verschiebbar.

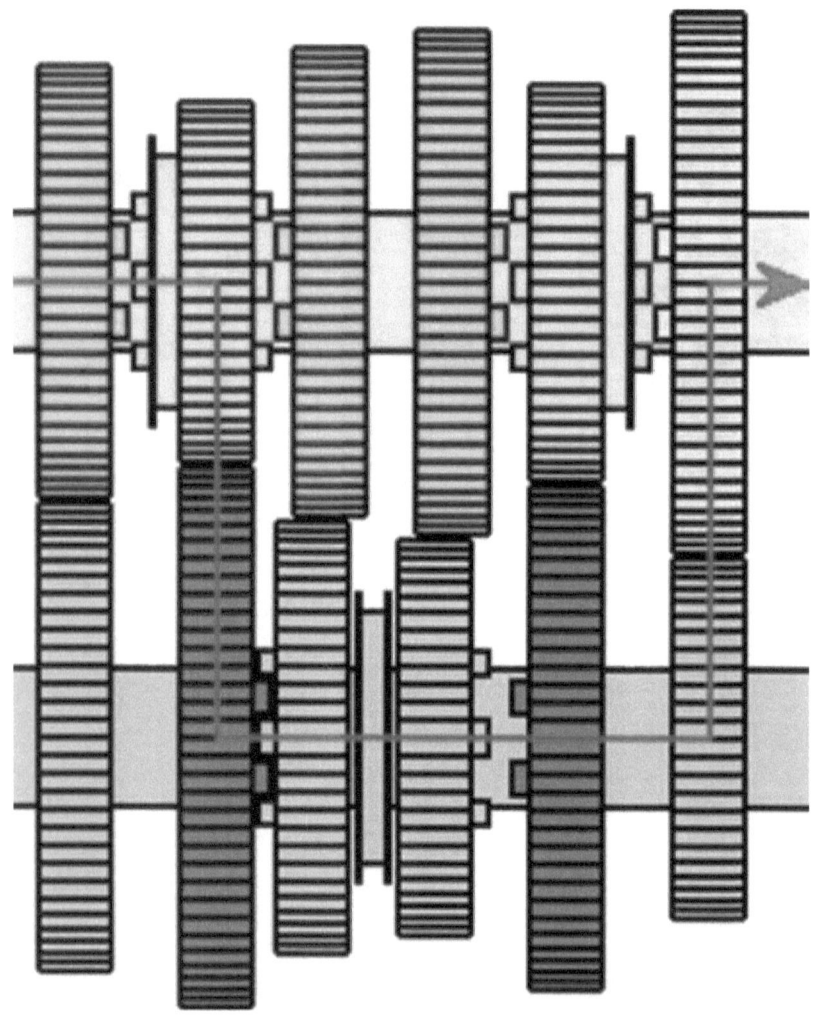

kfz-tech.de/PGt33

Aber halt, natürlich sind hier nicht nur zwei Wellen vorhanden, sondern die obere ist geteilt in einen langen linken Teil unterschiedlich verbunden mit den linken fünf Zahnrädern und einen rechten Teil mit dem verbleibenden fest verbunden. Das zweite und das fünfte Zahnrad von rechts ist zwar drehfest auf der Welle, aber in Längsnuten auf ihr verschiebbar, ebenso wie die miteinander verbundenen Zahnräder drei und vier unten. Alle übrigen außer den vieren sind also Festräder.

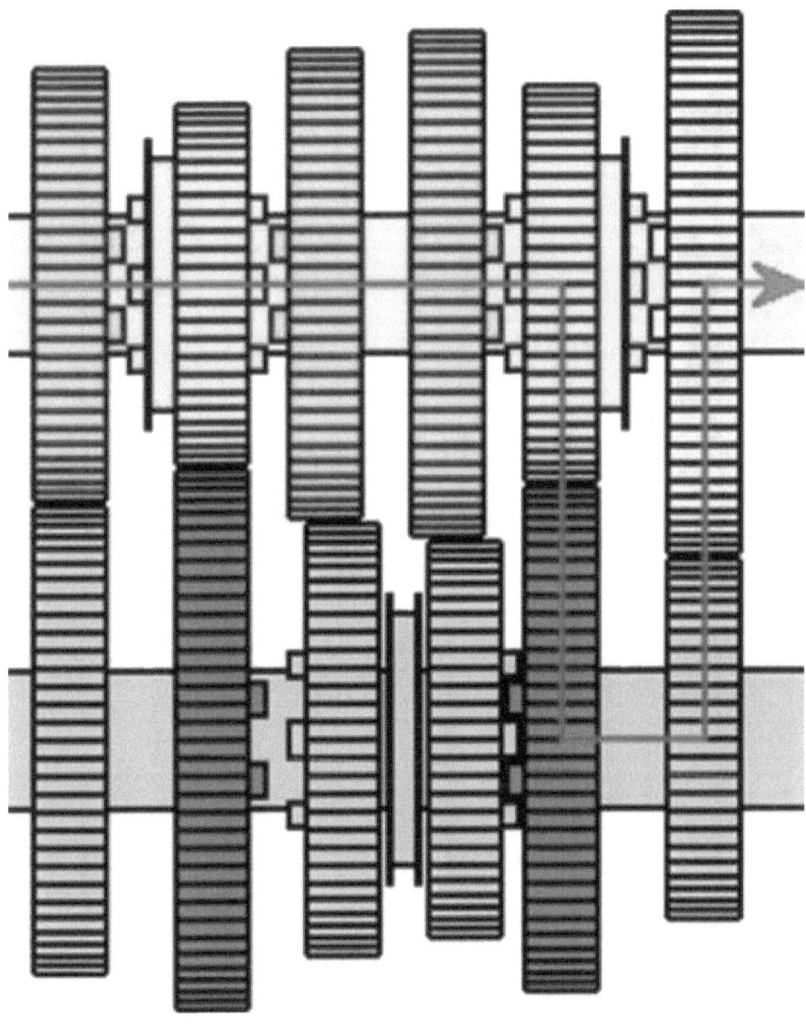

kfz-tech.de/PGt34

Die axial verschiebbaren Räder erkennt man auch an ihren umlaufenden Nuten, in die Schaltgabeln greifen. So ergeben sich, von deren Mittelstellungen abgesehen sechs Schiebemöglichkeiten für die einzelnen Gänge. Die eine Schaltmuffe unten realisiert nach links geschoben den ersten und nach rechts den zweiten Gang. Dass dabei die Räder nicht vollständig miteinander kämmen ist unwichtig, weil der Kraftfluss über andere Räder läuft.

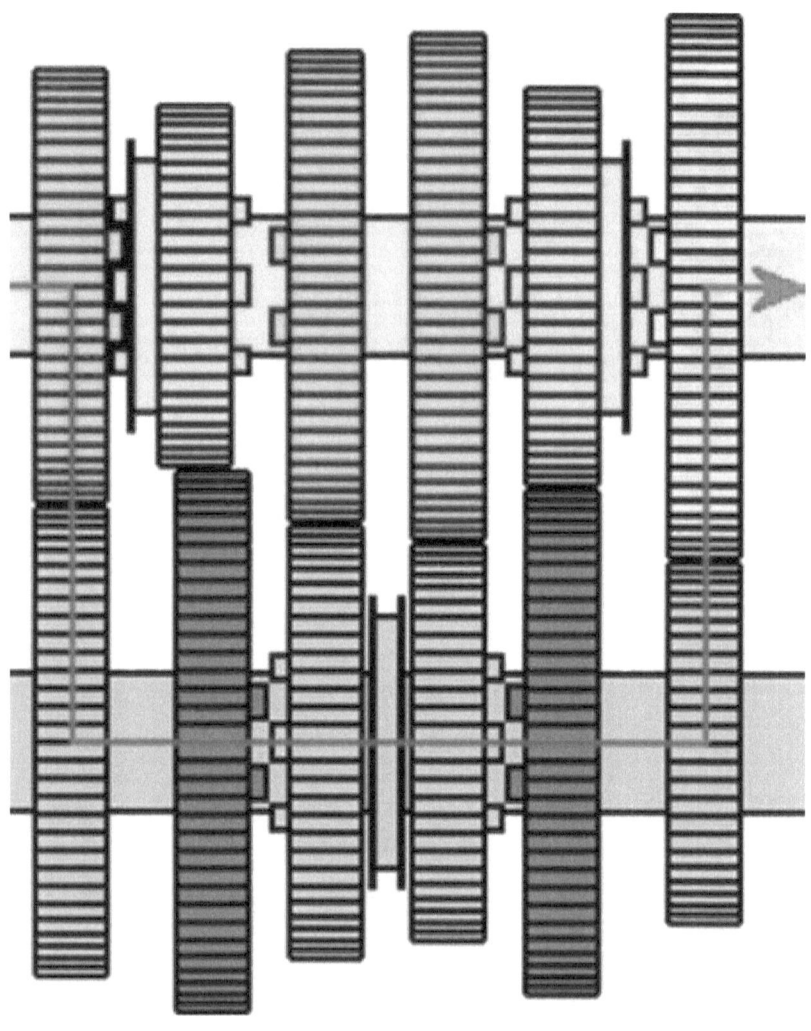

kfz-tech.de/PGt35

Das linke Losrad oben ist bei Linksstellung für den dritten und bei Rechtsstellung für den vierten Gang zuständig. An ihm erkennt man, dass es in dieser Funktion nicht die Rolle eines Zahnrades, sondern die einer Schaltmuffe übernimmt. Diese Doppelfunktion der Räder ist der Grund für die unglaubliche Kompaktheit dieses Sechsganggetriebes.

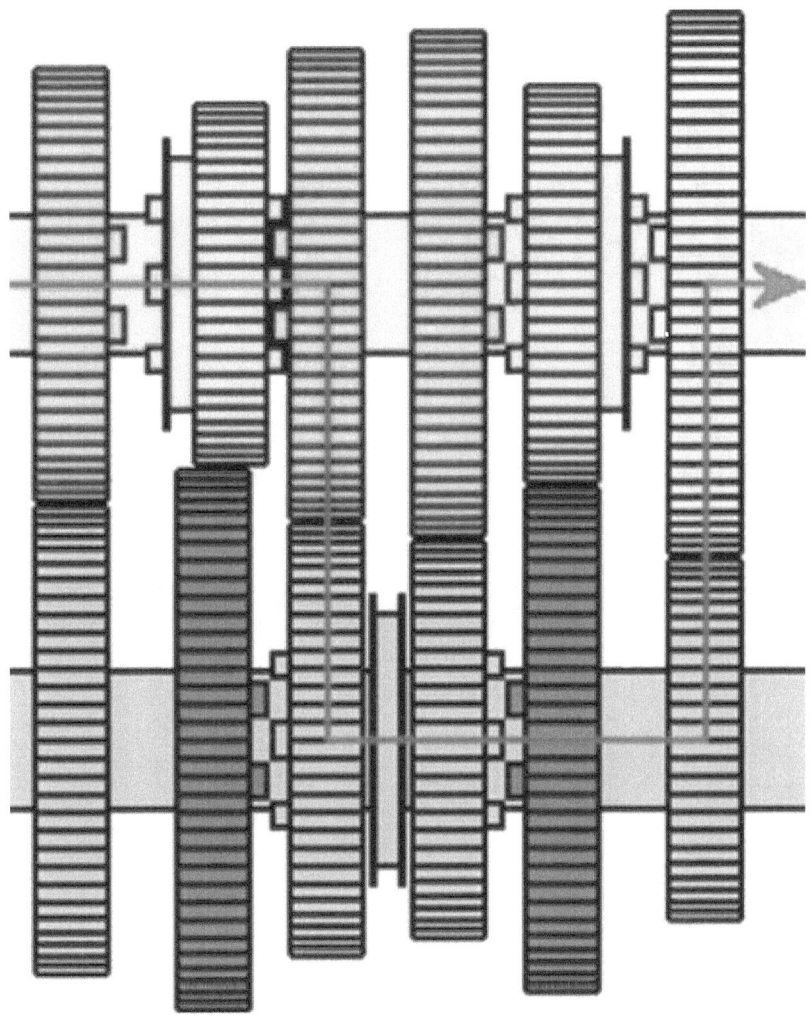

kfz-tech.de/PGt36

Bleibt noch das rechte Losrad oben, das in Linksstellung den fünften und in Rechtsstellung den sechsten Gang realisiert. Irgendwie muss unter ihm auch noch die Abtriebs- in der Antriebswelle Halt finden. Und dann ist da noch eine zusätzliche Bohrung durch beide Wellen für die Stange zur Kupplungsbetätigung. Wenn nicht wegen Gewichtsersparnis könnte dagegen die untere Welle massiv ausgeführt sein.

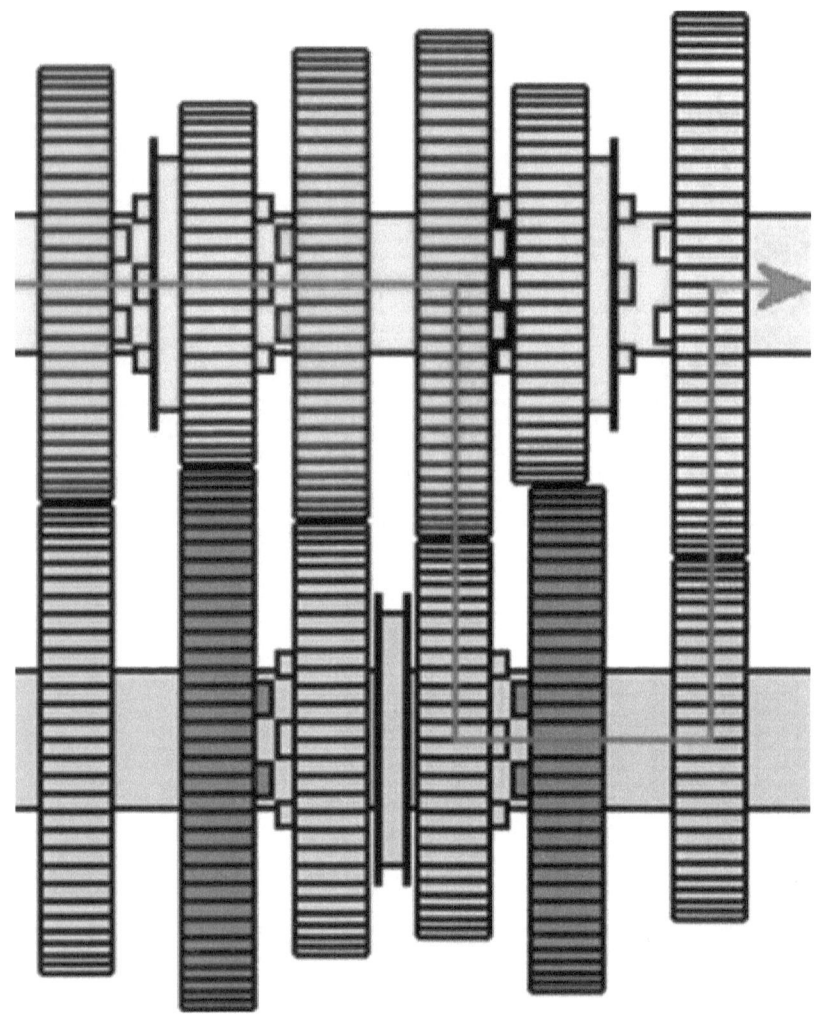

kfz-tech.de/PGt37

Nein, einen Schalthebel mit H-Schema gibt es hier nicht. Man benutzt vielmehr eine auf dem Bild unten sichtbare Schaltwelle. Diese hat für jede Schaltgabel eine Nut., die so geformt ist, dass sie bei einer jeweiligen, genau definierten Teildrehung z.B. die Gänge 2 bis 6 der Reihe nach einlegt und gleichzeitig den Gang davor herausnimmt. Diese Teildrehungen sind durch einen Hebel möglich, den der/die Fahrer/in mit dem Fuß jeweils ein Mal ganz nach oben zieht.

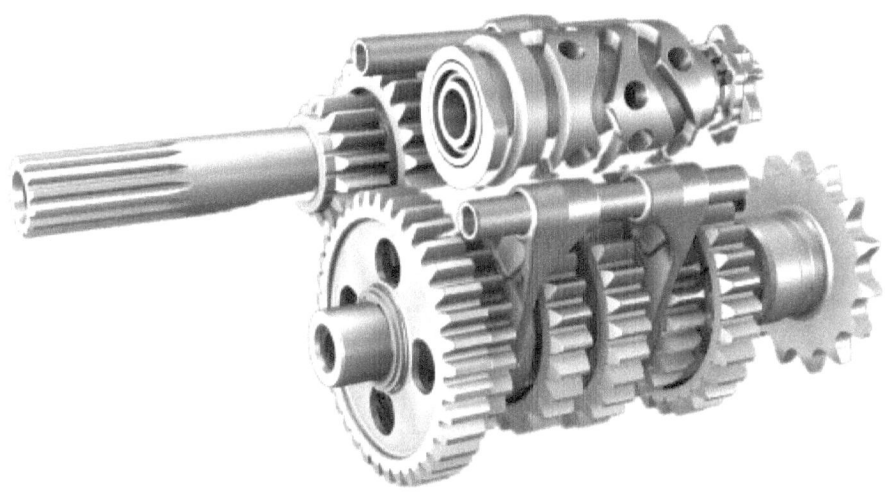

Klar müsste jetzt sein, dass vom Sechsten in den Zweiten insgesamt vier Mal der Hebel nach unten getreten werden muss. Seltsam genug folgt dann aber auf den Zweiten der Leerlauf und dann der Erste. Der wird also vom Leerlauf aus durch eine Bewegung des Fußhebels nach unten erreicht, die anderen Gänge von dort über den Leerlauf hinweg mit Fußhebel nach oben.

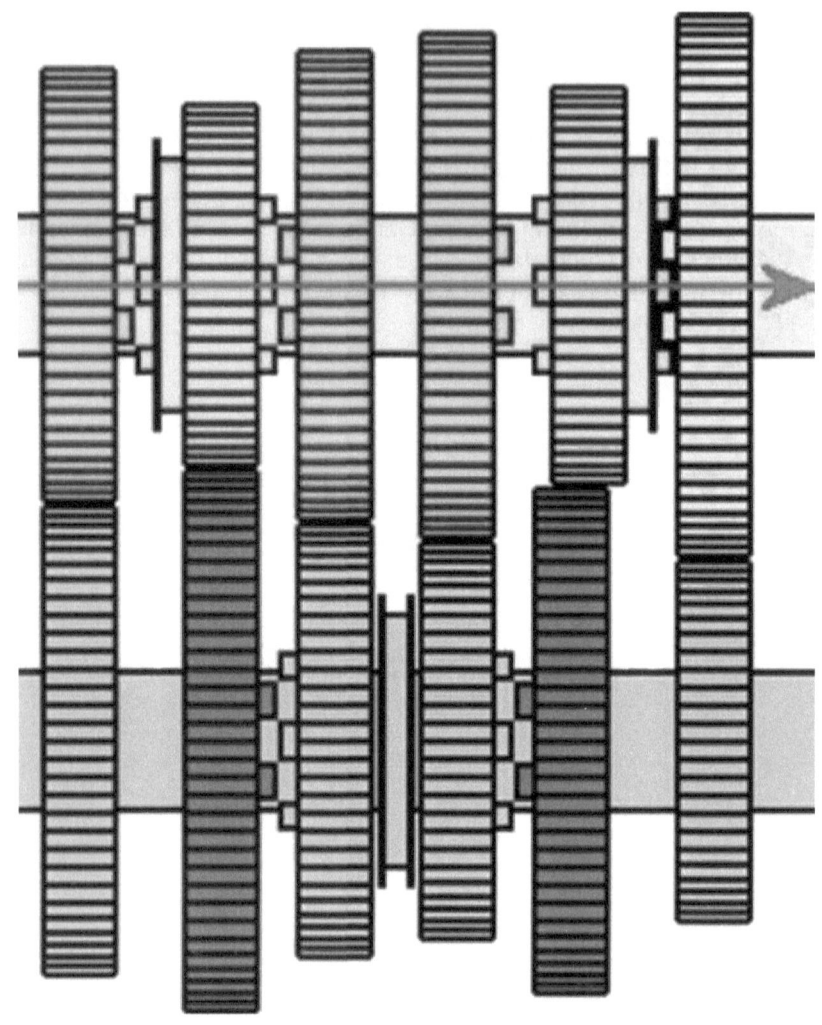

kfz-tech.de/PGl38

Bleibt noch die Frage, warum es immer so klackt, wenn bei diesem Getriebe der erste Gang eingelegt wird. Das liegt an der Kupplung, die auch im eingerückten Zustand Getriebezahnräder leicht mitnimmt, die dann beim Einlegen des ersten Ganges gewaltsam abgebremst werden. Begünstigt wird das Geräusch, weil die verbindenden Klauen keineswegs exakt in die jeweiligen Lücken passen, sondern viel Platz dazwischen ist.

kfz-tech.de/YGt12

▣▕▕▕ Lamellenkupplung

kfz-tech.de/PGt39

Dieses Kapitel ist bewusst nicht nur dem Zweirad gewidmet. Wer sich das in einer größeren Ausführlichkeit als hier wünscht, der sei auf das Video am Ende dieses Kapitels verwiesen. Aber, obwohl es nicht nur um das Motorrad geht, zunächst etwas Grundsätzliches zum Zusammenleben hier zwischen Getriebe und Kupplung, denn letztere hat beim Zweirad eine andere Bedeutung als beim Auto.

Dazu muss man zur Kenntnis nehmen, es gibt beim Schaltklauengetriebe keine Synchronisation. Auch deshalb sind Schaltvorgänge ohne Kuppeln zunächst einmal möglich. Hätte es Synchronisation, würde diese enorm belastet, weil sie versuchen würde, Gleichlauf herzustellen, was sie ohne ausgerückte Kupplung nicht kann und dabei ihre Reibflächen leiden würden.

Nein, wie der Name schon sagt, sind das kräftig ausgeführte Klauen, über die Zahnräder mit Wellen verbunden werden. Auch kann man am Fußschalthebel genau spüren, wann der Gang drin ist oder eben noch nicht. Gibt man also gefühlvoll Druck, dann rasten die entsprechenden Klauen in die nächst erreichbaren Lücken, zumal die bisweilen deutlich größer sind als benötigt.

Natürlich muss der Motor in diesem Moment der Schwäche möglichst nicht gerade vollen Dampf machen. Also nimmt man sein Drehmoment am Gasgriff kurz zurück. Das sind dann schon Schaltzeiten, von denen Autofahrer/innen mit Handschaltgetrieben nur träumen können. Passen natürlich hervorragend zu den enorm hohen Beschleunigungswerten eines Motorrades. Aber bitte, keine Gewalt auf den Schalthebel geben.

Es gibt auch noch einen sogenannten Quickshifter. Das ist zunächst einmal nur ein Sensor, der die Betätigung des Fußhebels registriert. Der rückt zwar auch nicht die Kupplung aus, nimmt aber dem Motor für einen Moment auf jeden Fall die Einspritzung und evtl. auch die Zündung. Danach lässt er die Zylinder wieder der Reihe nach einsetzen, was vielleicht etwas sanfter ist als ein wieder voll aufgezogener Gasgriff.

Braucht man denn dann die Kupplung überhaupt noch? Natürlich auf jeden Fall zum Anfahren. Bevor wir Sie uns aber genauer anschauen, kommt hier erst einmal die Kupplung eines Golf 2 zur Sprache. Warum? Es ist zwar keine Lamellen- oder Mehrscheibenkupplung, aber sie funktioniert vom Prinzip her sehr ähnlich wie eine Kupplung fürs Motorrad.

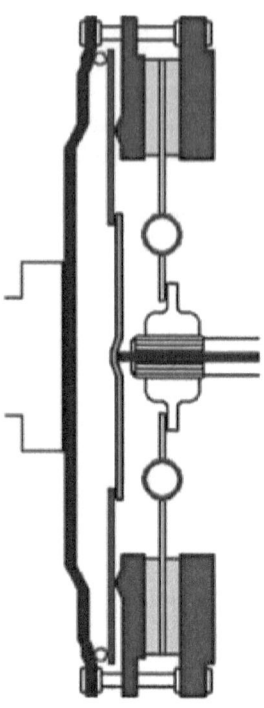

kfz-tech.de/PGt40

Nein, man könnte nicht auf Anhieb darauf kommen, dass so etwas in einem Auto, und dann auch noch in einem so massenhaft produzierten eingebaut gewesen ist. Zu dem Warum kommen wir später. Auf den ersten Blick scheinen Schwungrad und Druckplatte vertauscht. Nehmen Sie links die Kurbelwelle an, mit der letztere verschraubt ist. Sehr wichtig ist die Tellerfeder, die durch eine runde Platte in der Mitte zur Kurbelwelle hin verformt werden kann.

Auslöser dafür ist eine Stange, die durch die Eingangswelle des Getriebes geführt ist. Wird diese nach links gedrückt, gehen die Druckplatte etwas stärker und die Kupplungsscheibe etwas weniger ebenfalls nach links. Die Scheibe wird frei und die Kupplung ist ausgerückt. Man hat mit dieser Kupplung vermutlich durch die kompaktere Bauweise Platz z.B. für größere Motoren oder vielleicht zusätzlichen E-Antrieb schaffen wollen. Nebenaspekt: Das Drucklager war außen angeordnet und konnte gewechselt werden, ohne die Kupplung ausbauen zu müssen.

kfz-tech.de/PGt41

Kommen wir jetzt zur Mehrscheibenkupplung, aber immer noch nicht zum Motorrad. Denn die oben ist eine für die DTM und unten die für die Formel 1. Hier spielen Carbonscheiben eine Rolle, die unglaublich viel Hitze vertragen und dabei auch noch sehr leicht sind. Und noch ein Vorteil von solchen Kupplungen im Rennsport: Sie erlauben durch ihren geringen Durchmesser einen tieferen Schwerpunkt des Motors, der wegen Trockensumpfschmierung ohnehin keine Ölwanne hat.

kfz-tech.de/PGt42

kfz-tech.de/PGt43

Nein, wir kommen immer noch nicht zum Motorrad. Zunächst muss hier noch der Lkw erwähnt werden. Bei dem wäre wegen des zu übertragenden Drehmoments einen Einscheibenkupplung zu groß. Schauen Sie sich diese Dimensionen an. Solche Kupplungen werden übrigens trocken, also ohne Öl betrieben. Das ist bei den meisten Mehrscheibenkupplungen anders.

kfz-tech.de/PGt44

kfz-tech.de/PGt45

Automatikgetriebe, korrekter eher als Wandlerautomatiken beschrieben, auch wenn sie neuerdings nicht immer einen Wandler haben, stecken voller Lamellenkupplungen. Hier werden durch Öldruck bestimmte Kombinationen in oder zwischen Planetensätzen gelöst und andere geschaffen. Ob es sich dabei um ein Getriebe für Pkw oder Lkw (wie oben) handelt, ist eher zweitrangig.

kfz-tech.de/PGt46

Hochaktuell sind Lamellenkupplungen im Allradbereich. Dabei geht es um die Zuschaltung z.B. der Hinterachse überhaupt oder einzelner Räder, wie oben gezeigt. Was hier auch gerne genutzt wird, ist eine rein elektrische Betätigung und/oder eine Teilübertragung von Drehmoment. Man könnte das auch als 'Schleifen lassen' der Kupplung bezeichnen, was in Öl laufende offensichtlich gut verkraften.

kfz-tech.de/PGt47

Jetzt endlich geht es um die Kupplung eines Motorrades. Übrigens, so wie nicht alle Motorräder ein Schaltklauengetriebe haben, brauchen sie auch die entsprechende Mehrscheibenkupplung nicht. Ein Boxermotor von BMW z.B. arbeitet mit einer mehr autoähnlichen Verbindung zur Hinterachse zusammen. In der oberen rechten Ecke sehen Sie noch das mit der Kurbelwelle verbundene Antriebszahnrad. Das größere Zahnrad sitzt allerdings auf der Eingangswelle zum Getriebe.

kfz-tech.de/PGt48

Es geht auch anders, wie dieses Bild einer alten Mopedkupplung beweist. Aber immer gibt es im Innern dieses Topfes jeweils eine Stahlscheibe und eine Scheibe mit entsprechend reibungsstarkem Belag. Wichtig ist, jede Gruppe ist für sich entweder mit einer formschlüssigen Verbindung innen- bzw. außen versehen.

kfz-tech.de/PGt49

Hier ist eine ältere Kupplung demontiert. Was sich also immer mit dem Motor dreht, ist das große Zahnrad zur Reduktion der Motordrehzahl und entsprechenden Vergrößerung des Drehmoments. Aber erst wenn die Kupplung eingerückt wird, dreht sich dann auch die Eingangswelle zum Getriebe mit, auf der das Ganze angeordnet ist.

kfz-tech.de/PGt50

Hier die fünf Gewindestutzen, mit denen der Deckel verschraubt wird, allerdings nicht direkt, sondern durch Federn mit Druck auf dem Lamellenpaket versehen. Und jetzt kommt die Kupplung des Golf 2 ins Spiel. Nämlich so, wie dort wird mit einer Stange durch die komplette Getriebewelle bei Betätigung der Kupplung der Deckel gegen die Kraft der Federn angehoben und gibt das Paket frei, wenn auch oft mit kaum mehr als einem Millimeter Gesamtspiel.

kfz-tech.de/YGt14

kfz-tech.de/YGt13

◘◘◘ Halbautomatik

Was ist das eigentlich, eine Halbautomatik? Kann etwas nur halb automatisch sein? Natürlich nicht exakt. Vielleicht hätte man diese Systeme besser 'Teilautomatik' genannt. Es ist schlicht die Kombination von automatischen mit zu bedienenden Vorgängen. Das der erstere Teil dabei nicht unbedingt die Hauptrolle spielt, sehen wir schon am ersten Beispiel, dass Sie vielleicht ein wenig überraschen wird.

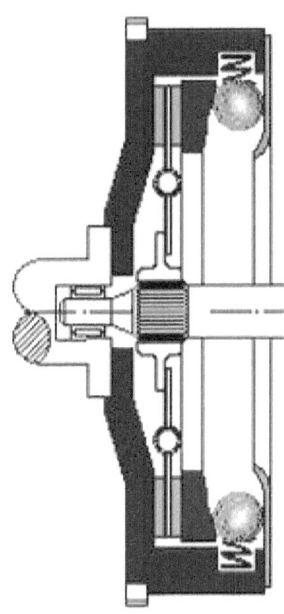

Prinzipskizze

Wer hätte gedacht, dass es den Citroën 2CV in einer leicht automatischen Variante gegeben hat? Gemeint ist hier eine Fliehkraftkupplung, die teilweise in frühen Exemplaren der Ente eingebaut war. Das musste wohl nur deshalb in die Bedienungsanleitung aufgenommen werden, damit überhaupt jemand diese Funktion benutzte. Im normalen Fahrbetrieb hat man sie gar nicht bemerkt.

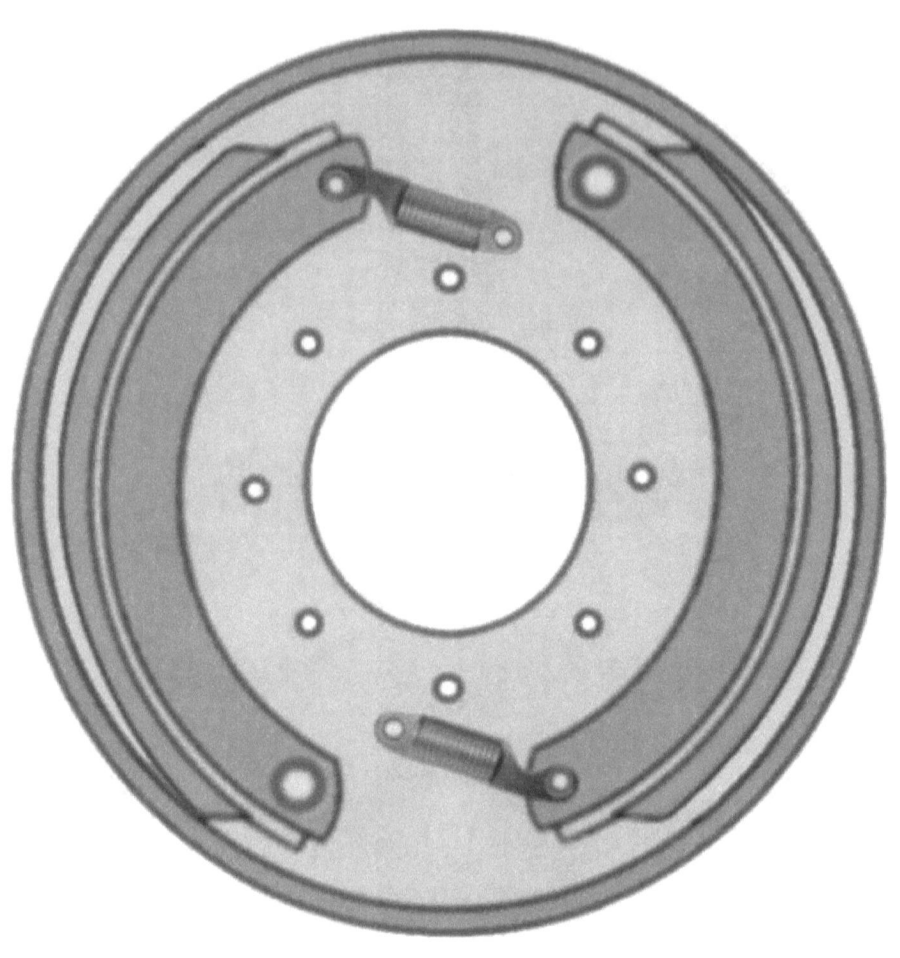

Drehzahl gering - Kupplung geöffnet

Und das ging so: Man traute sich, im Leerlauf bei eingelegtem ersten Gang einfach die Kupplung kommen zu lassen. An Steigungen und bei Gefälle war ohnehin die Fußbremse betätigt. Und so passierte nichts. Man fuhr erst los, wenn ein bestimmtes Quantum Gas gegeben wurde, was nicht nur das Anfahren am Berg erleichterte. Auch im Stau war die Funktion nützlich, denn man hat die Kupplung überhaupt nicht mehr selbst betätigt.

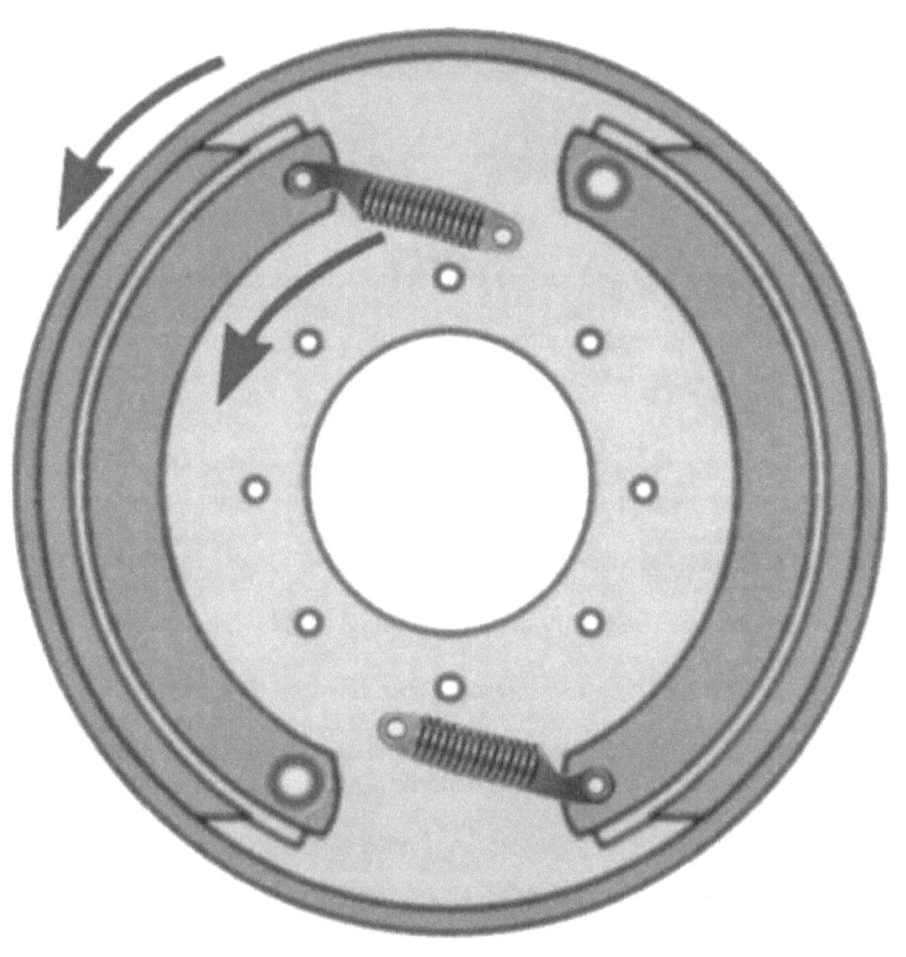

Drehzahl höher - Kupplung geschlossen

Wie der Name schon sagt, wird das Einrücken der in diesem Fall Trockenkupplung durch nach außen beschleunigte Fliehgewichte erreicht. Das Bild oben stellt nur eine Prinzipskizze dar. Es war halt eine Kupplung, bei der Motor und Getriebe sowohl durch das ganz normale Fußpedal als auch durch zu wenig Drehzahl getrennt wurden. In dem Moment ging natürlich auch die Bremswirkung durch den Motor verloren.

Saxomat ist die Kombination einer Fliehkraftkupplung mit einer

> elektro- pneumatisch betätigten.

Kommen wir mit dem Saxomat (F&S) zu einer für viele verschiedene Fahrzeuge verfügbare Weiterentwicklung der Fliehkraftkupplung. Wir wollen uns die allerdings anhand eines erst später präsentierten, prominenten Beispiels anschauen, der Halbautomatik im VW-Käfer. Der Hersteller nannte das natürlich 'VW Automatic' und der Blick der Bedienungsanleitung geht als Erstes in den Fußraum, wo das Kupplungspedal komplett wegrationalisiert ist.

Und natürlich ist eine Frau am Steuer. Man ist wohl mit dieser Bedienungserleichterung auf der Suche nach einer zusätzlichen Käuferklientel. Lustig, was im Jahr 1968 noch alles möglich war. Die Anleitung enthält tatsächlich Texte mit Wortlücken, für die man einen Stift zur Hand nehmen soll. Auf der nächsten Seite erscheint dann die Lösung. Können Sie sich so etwas für heutige Bedienungsanleitungen vorstellen?

Nein, diese Art der Abfrage betrifft nicht nur die Besonderheiten der Automatic, das ganze Auto wird auf diese Art durchgehechelt. Und dann endlich der frühere Gangknüppel, jetzt Wählhebel geheißen. Er hat seine dritte Gasse für den Rückwärtsgang verloren. Der liegt jetzt, mit einer Sperre versehen, wo früher der erste Gang war. Im Grunde sind von den vier Gängen nur drei geblieben, hier allerdings mit L für Last, 1 und 2 bezeichnet.

Man will offensichtlich erreichen, dass die Probanden im früheren dritten Gang anfahren. Der fühlt sich auch so an. Dies ist möglich durch den Einbau eines Drehmomentwandlers, der den ersten Gang quasi ersetzt und ein Anfahren im dritten Gang ohne den besonderen Verschleiß ermöglicht, den eine Trockenkupplung hätte. Nur in besonderen Fällen, z.B. beim Anfahren am Berg, soll man den früheren Zweiten nehmen.

Mit dem Dritten ist natürlich der Komfort groß, denn offensichtlich soll nach dem Willen des Herstellers in der Stadt nicht mehr geschaltet werden. Erst wenn man diese verlässt, hält man ein Umschalten in den früheren vierten Gang für geboten. Übrigens ist dieser zum Wählhebel umfunktionierte Schaltknüppel im Gegensatz zu früher im Ruhezustand per Federwirkung auch schon in die rechte Schaltgasse gelenkt. Nach links geht es nur noch für Rückwärtsfahrt.

Und wie funktioniert das Schalten von L1 nach L2? Trotz Drehmomentwandler würde das weiterhin konventionell funktionierende Schaltgetriebe einen Gangwechsel ohne Kupplung übelnehmen. Deshalb gibt es eine zusätzliche Schaltkupplung. Die ist übrigens deutlich kleiner als die für das Handschaltgetriebe. Das zeigt, das Anfahren ist die

Hauptaufgabe einer solchen Kupplung und bringt den meisten Verschleiß, das Schalten wird quasi nebenbei erledigt.

Und wie wird die Schaltkupplung betätigt? Dazu gibt es einen Servomotor. In einem durch eine Membran geteilten Metallgehäuse ist an dieser zu einer Seite hin eine Kolbenstange angebracht. Wird diese Seite mit Unterdruck beaufschlagt, dann ist, je nach Größe der Membran, so viel Kraft vorhanden, dass damit eine Schaltkupplung ausgerückt werden kann.

Das Lustige ist die Betätigung. Es reicht nämlich, beim Anfassen des Wählhebels diesen ein klein wenig zu verschieben, dann wird ein Berührungsschalter zwischen den beiden Teilen des Hebels aktiv und öffnet ein Ventil für die vom Verbrennungsmotor kommende Unterdruckleitung. Ab einer gewissen Körpergröße musste man allerdings im Käfer die Knie anwinkeln, die dann auch prompt dem Hebel zu nahe kamen und der Motor schrie während der Fahrt auf wie ein wachgerütteltes Kind.

Typisch ist die Entstehungszeit dieser Konstruktion, denn sie berücksichtigt weder ein günstiges Abgasverhalten noch Verbrauch. Dieser zählt ohnehin nicht zu den Pluspunkten des VW-Käfers und wird z.B. durch den Drehmomentwandler noch erhöht. Weder das Anfahren in einem höheren als möglichen Gang noch das Verweilen im Dritten bei der Fahrt durch die Stadt ist spritsparend.

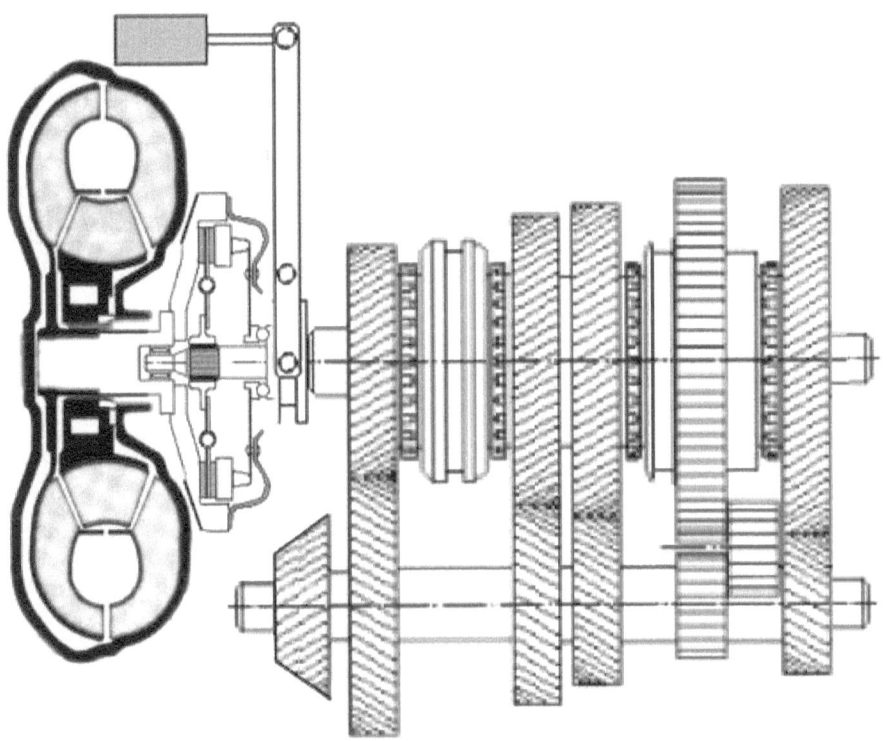

> Einbau bei genug Platz in allen Antriebsbauarten möglich

Das Bild oben zeigt die Halbautomatik von Porsche, die dort 'Sportomatic' heißt. Da der Porsche 911 jener Zeit fünf Gänge hat, bleiben hier vier übrig. Wie beim Heckmotor üblich, geht das Drehmoment vom Wandler bzw. Schaltkupplung durch den Achsantrieb zum ungleichachsigen Getriebe nach vorne und kommt mit dessen Abtriebswelle erst im Achsantrieb an.

Zurück zur Fliehkraftkupplung führt uns der Weg zur Teilautomatik bei den Zweirädern. Gerade deren geringes Drehmoment macht sie hierfür geeigneter. Beim Mofa kommt so etwas z.B. beim Kickstarter und zum Anfahren vor. Etwas stärkere Zweiräder nutzen sie auch zum automatisierten Schalten.

Bleibt noch der Ersatz des Kupplungspedals durch Hydraulik. Die Betätigung eines Ventils, das durch Hydraulikdruck die Kupplung ausrückt, ist die gleiche wie oben beschrieben. Nur fehlt der Drehmomentwandler. Im Grunde bleibt die ganze Antriebseinheit komplett erhalten. Die in der Regel feinfühligere Hydraulik ist auch in der Lage, beim Gasgeben die Kupplung zum Anfahren einzurücken.

> Die Anlage gab es als 'Hycomat' im Trabant P 601.

kfz-tech.de/YGt15

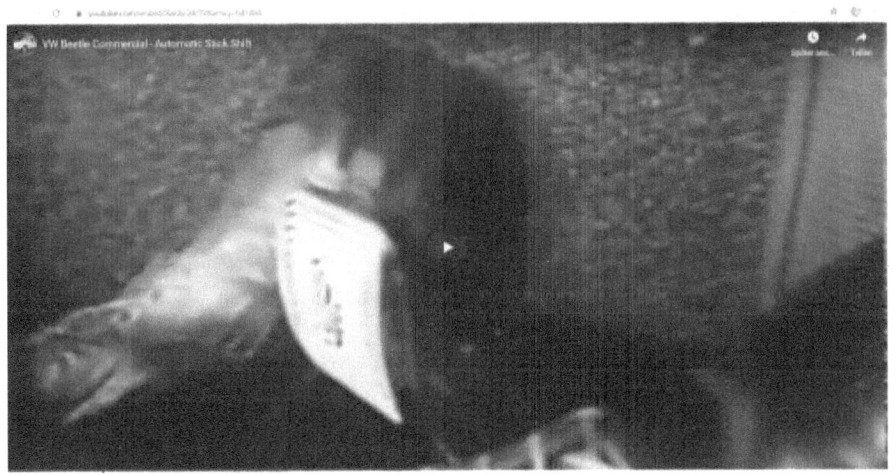

kfz-tech.de/YGt16

kfz-tech.de/YGt17

kfz-tech.de/YGt18

▣⫿⫿ Doppelkupplungsgetriebe

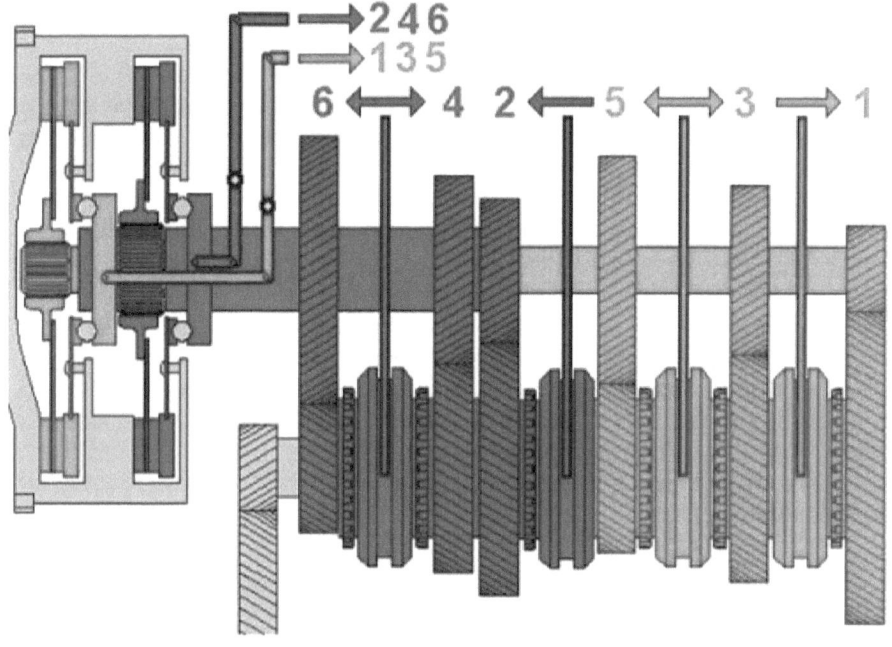

kfz-tech.de/PGt51

Bei dieser Getriebebauart ist an Bezeichnungen wahrlich kein Mangel. Sie gehört zunächst einmal zur Gruppe der sequentiellen Getriebe. Das bedeutet, die Gänge sind schaltungstechnisch nicht nach dem H-Schema angeordnet, sondern liegen alle hintereinander. Als Beispiel können Sie Zweiräder nehmen, bei denen ab dem zweiten Gang die höheren durch jeweilige Betätigung eines Fußhebels eingelegt werden.

Natürlich wird bei diesem Getriebe nichts mehr 'eingelegt', jedenfalls nicht von Fuß oder Hand, weshalb es, so betrachtet, auch zu den Automatikgetrieben gezählt werden kann. Abgrenzen von den hier am meisten bekannten kann man es lediglich, indem man die als Wandlerautomaten bezeichnet, was aber inzwischen auch nicht mehr alle richtig erfasst. Jedenfalls hat dieses Getriebe hier definitiv keinen Drehmomentwandler.

Und nun kommt die Bezeichnung, die wir ab jetzt verwenden wollen, nämlich 'Doppelkupplungsgetriebe', im englischen Teil unserer Seiten folgerichtig 'Double-clutch-transmission' (DCT). VW als erster Hersteller solcher Getriebe in der Großserie ab 2003 nennt es Direktschaltgetriebe (DSG), englisch Direct-Shift-Gearbox. Wir werden alternativ also diese Kurzbezeichnungen verwenden.

Warum hat man ihm bei VW dereinst diesen Namen gegeben? Das hatte wohl nicht zuletzt werbetechnische Gründe. Man wollte und will damit auf die besonders kurzen Schaltzeiten hinweisen. Sie passen sehr gut zu sportlichen Fahrzeugen wie z.B. einem VW Golf GTI. Das muss man als Passant einmal miterlebt haben, wie dieser Wagen beim Beschleunigen einen Gang nach dem anderen ohne irgendeine Pause beim Schalten durchläuft.

Obwohl man lange auf so ein Getriebe warten musste, ist das Prinzip recht einfach und leicht nach zu vollziehen. Kurz gesagt werden in einem normalen Handschaltgetriebe jeweils die geraden Gänge (blau, dunkel) und die ungraden (grün, heller) jeweils zu einem Teilgetriebe zusammengefasst und je einer der beiden Kupplungen zugeordnet, die getrennt zu betätigen sind. Trotz Ähnlichkeit handelt es sich hier also nicht um eine klassische Zweischeibenkupplung.

Und warum kann jetzt so schnell z.B. hochgeschaltet werden? Weil z.B. im Stand bei geöffneten Kupplungen beispielsweise nicht nur der ersten Gang durch die ganz rechte Schaltmuffe nach rechts eingelegt wird, sondern gleichzeitig auch der zweite durch Linksverschiebung der zweiten Schaltmuffe von links. Und warum sperrt das Getriebe nicht? Weil zum Anfahren nur die linke der beiden Kupplungen einrückt.

Die rechte Kupplung bleibt also offen und wartet auf die Gelegenheit zum Schalten in den zweiten Gang. Da der schon eingelegt ist, braucht man nur die linke aus- und die rechte Kupplung einzurücken Da ist sehr viel Feinarbeit gefragt, denn das geschieht quasi gleichzeitig. Bei zu rascher Folge ist Verschleiß vorprogrammiert. Bei zu viel Pause zwischen den jeweiligen Funktionen der beiden Kupplungen beschweren sich die sportlichen Fahrer/innen.

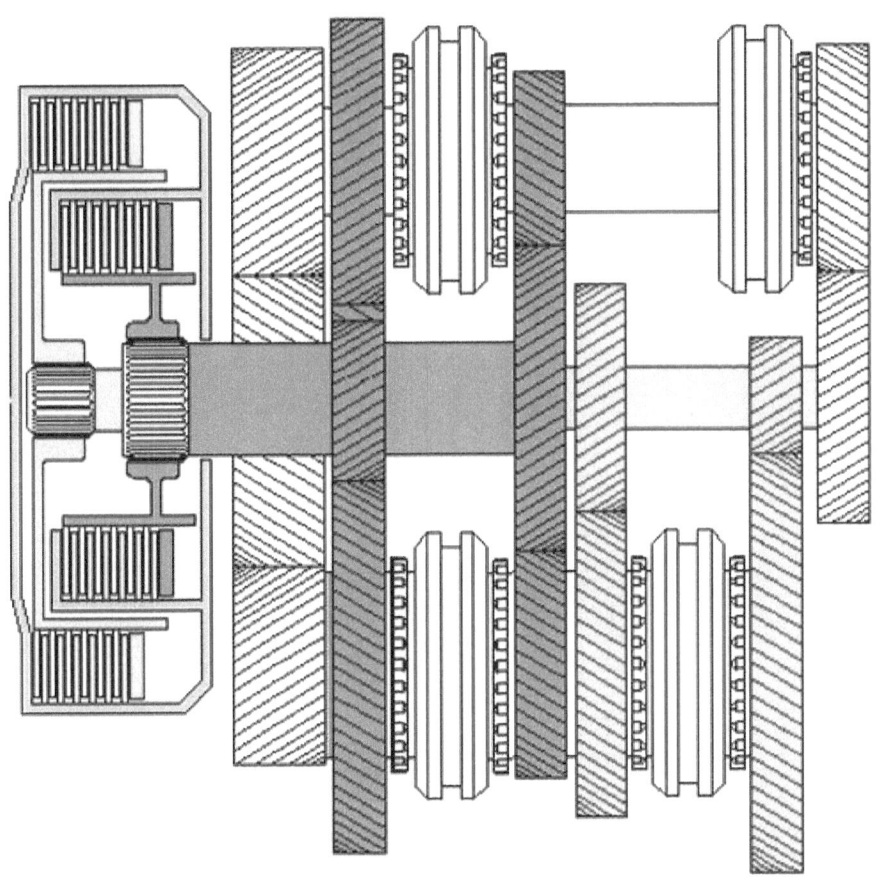

Beim Getriebe ganz oben werden bei weggelassenem Rückwärtsgang die sechs Gänge auf zwei Wellen realisiert. Von der linken Kupplung geht es durch die Hohlwelle für die Gänge 2, 4 und 6 hin zu den Gängen 1, 3 und 5. Dieses Getriebe hier ist hingegen wegen dreiwelliger Auslegung besonders kurz bauend. Eine vierte Welle dient zur Realisierung des Rückwärtsgangs. Außerdem sind die Einscheiben- Trockenkupplungen Lamellenkupplungen gewichen. Die gibt es in trockener und in nasser Bauweise, also in Öl laufend.

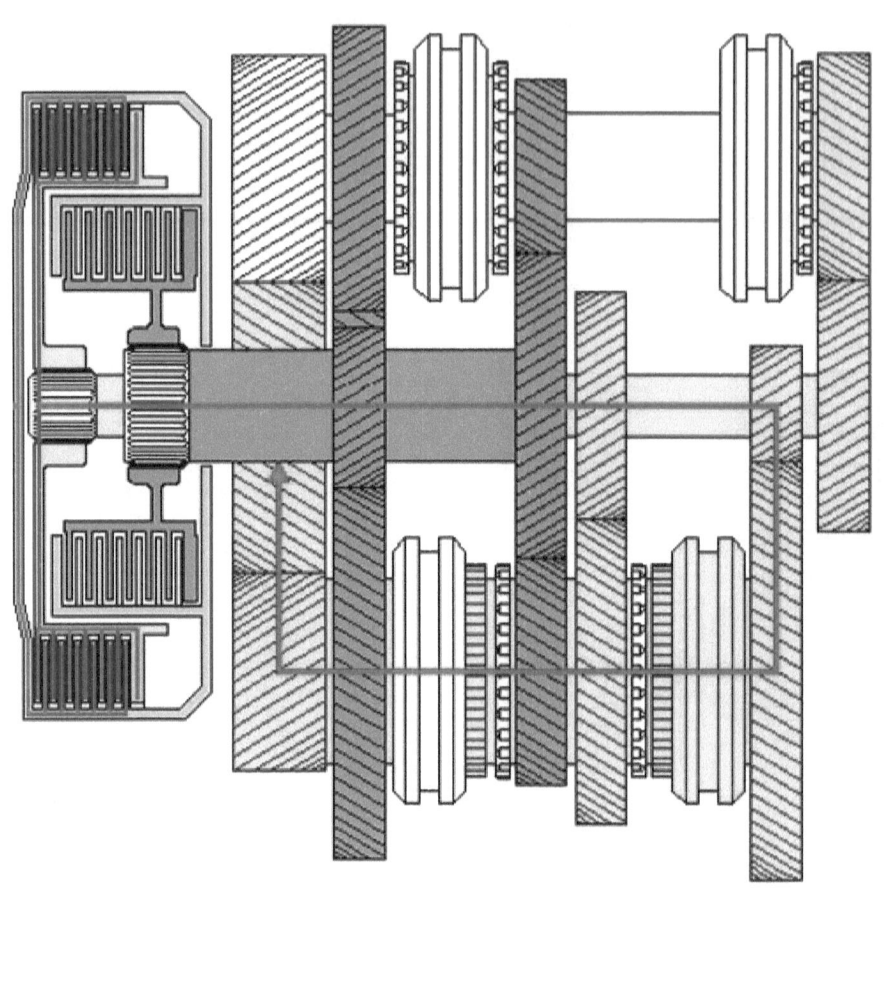

1. Gang

Die rechte Schaltmuffe auf der unteren (hinteren) Welle ist nach rechts verschoben und überträgt das Drehmoment, weil die grüne, hellere Lamellenkupplung eingerückt ist. Beinahe gleichzeitig wurde zur Vorbereitung schon die linke Schaltmuffe auf der unteren (hinteren) Welle nach links verschoben.

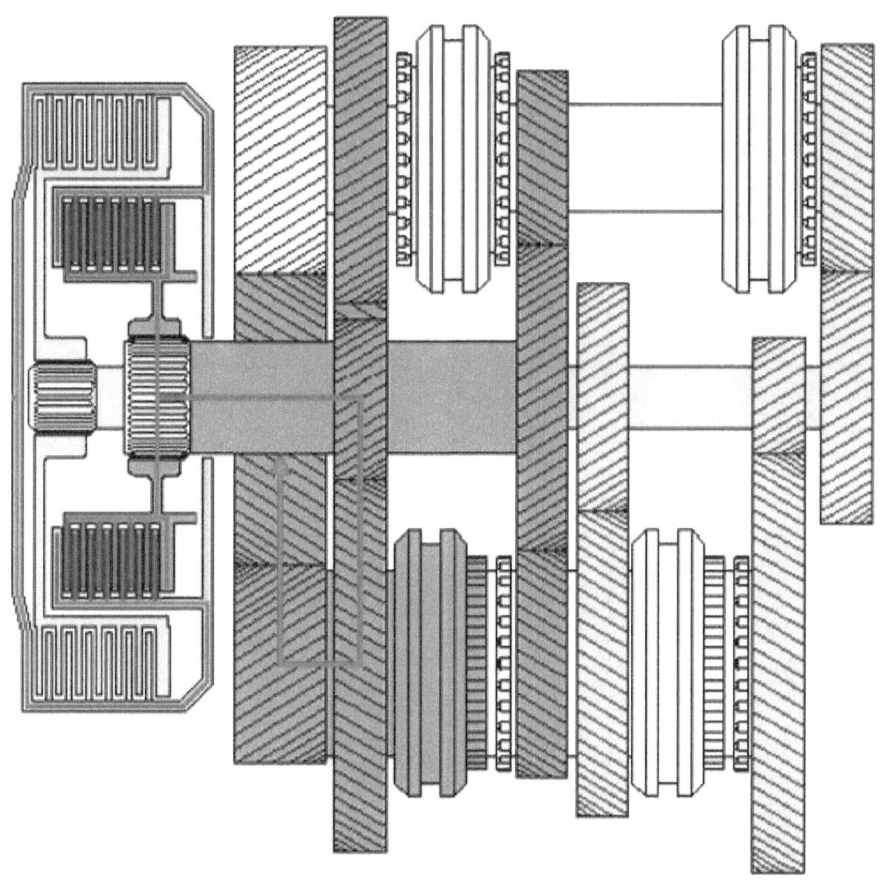

2. Gang

Die blaue, dunkle Lamellenkupplung ist ein-, die grüne, hellere ausgerückt. Dadurch wurde ohne Schaltpause der zweite Gang eingelegt. Zur Vorbereitung des dritten Ganges wird die rechte Schaltmuffe nach links verschoben.

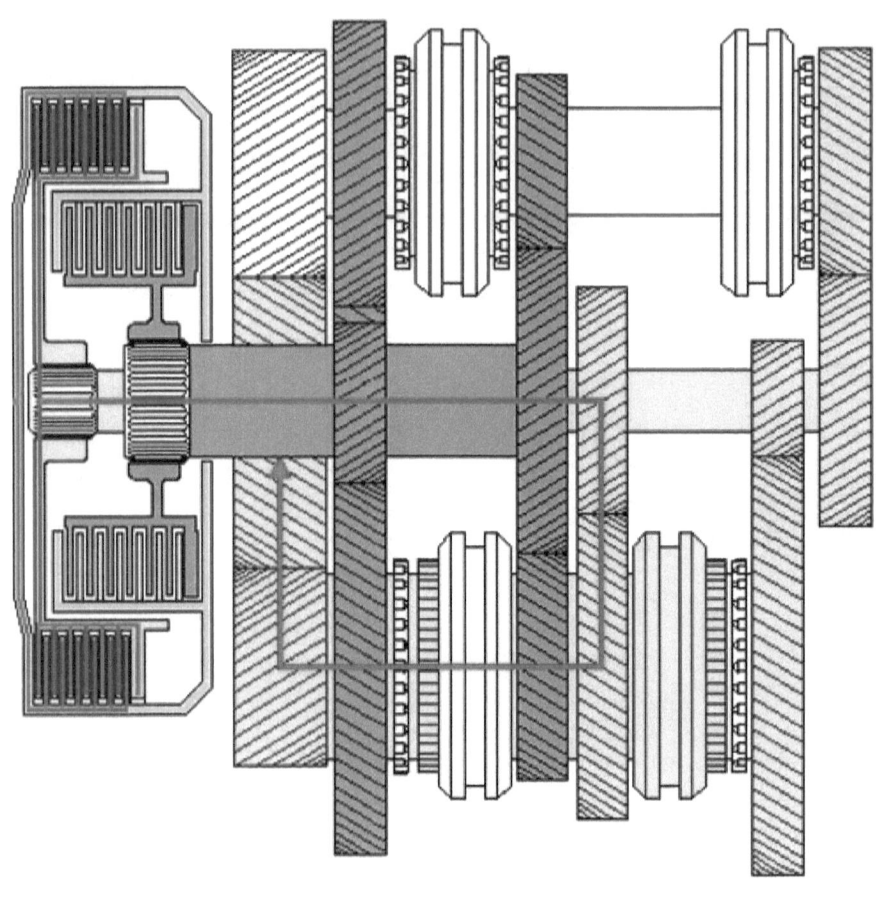

3. Gang

Wieder ein Kupplungswechsel und danach zur Vorbereitung des vierten Ganges die linke Schaltmuffe nach rechts verschoben. Die vier ersten Gänge werden über die untere (hintere) Welle und das kleinere Stirnrad auf den Achsantrieb übertragen.

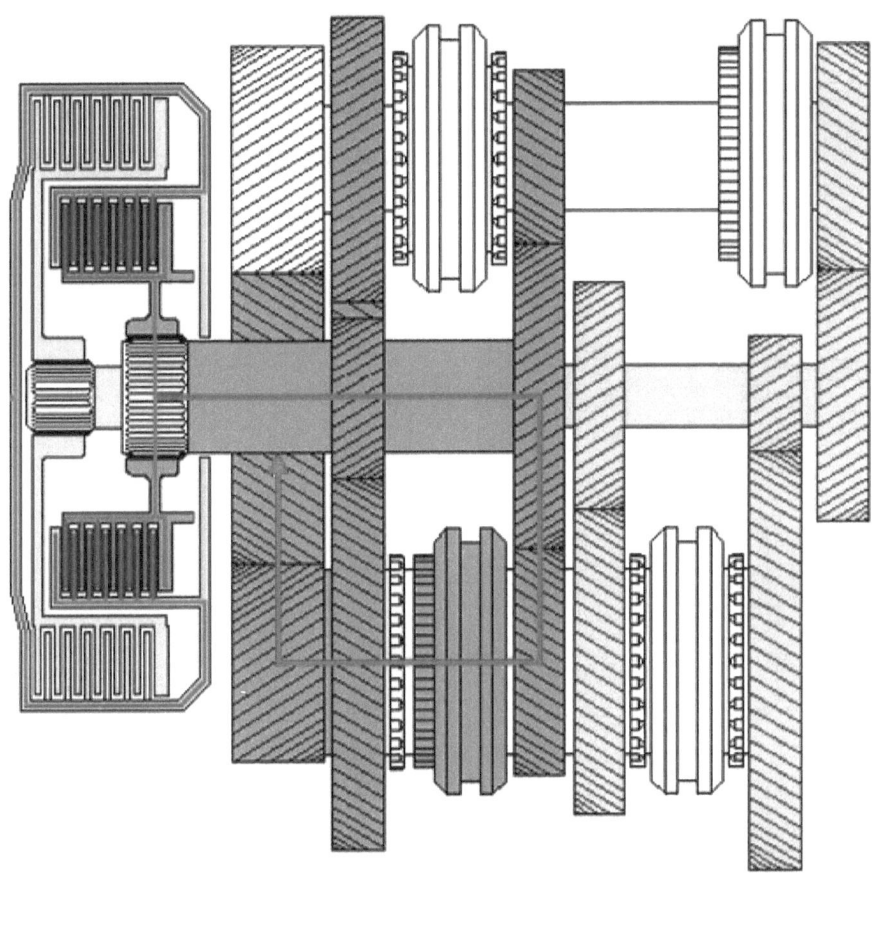

4. Gang

Wenn jetzt die blaue, dunkle Kupplung wieder einrückt, ist die untere hintere Welle zum letzten Mal in die Kraftübertragung einbezogen. Auf der oberen (hinteren) Welle bereitet sich schon die rechte Schaltmuffe auf die Benutzung des fünften Ganges vor.

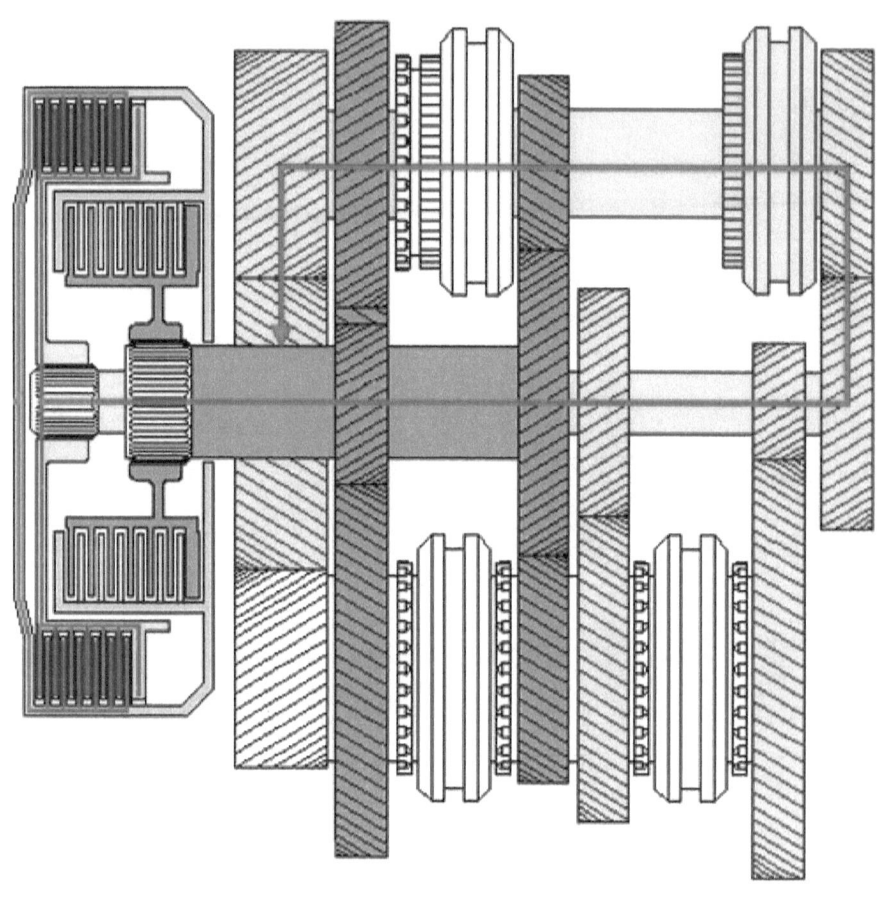

5. Gang

An den weiteren Gängen ist jetzt die obere (hintere) Welle beteiligt, die über ein größeres Stirnrad ebenfalls mit dem Achsantrieb verbunden ist. Die rechte Schaltmuffe überträgt das Drehmoment, die linke ist für den sechsten Gang eingerückt.

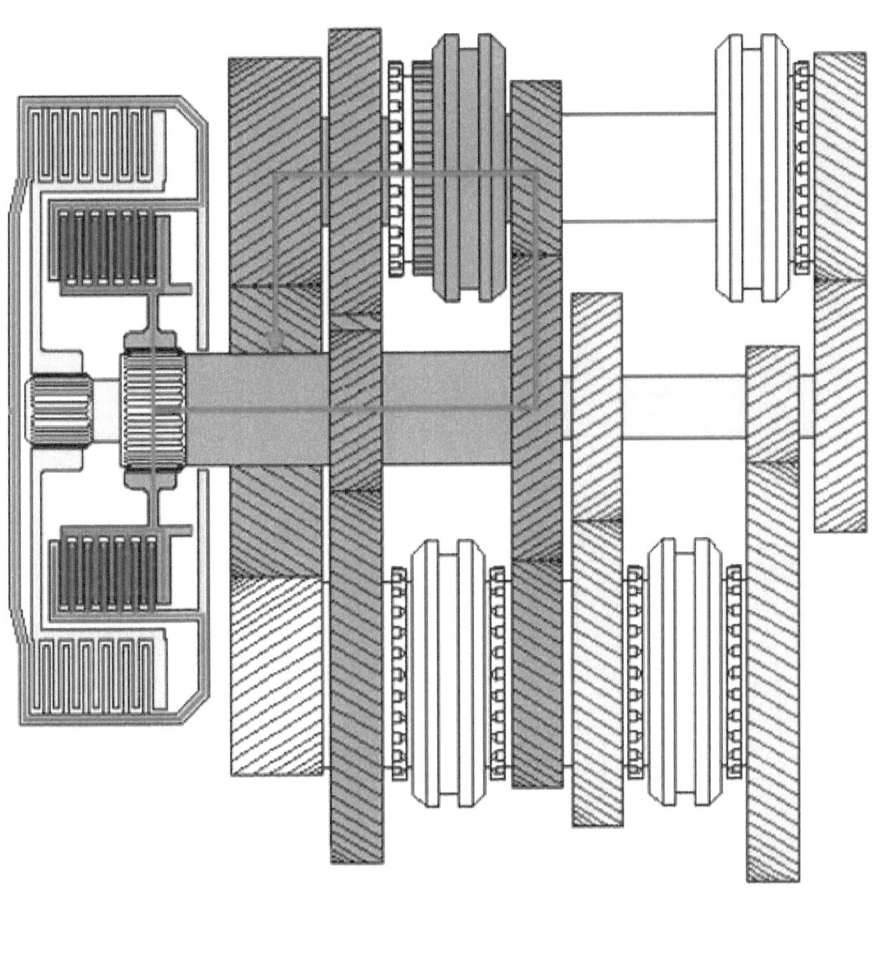

6. Gang

Der höchste Gang ist erreicht. Eigentlich könnte man die Schaltmuffe des fünften Ganges so lassen. Die Nullstellung soll deutlich machen, dass hier keine Vorbereitung mehr nötig ist.

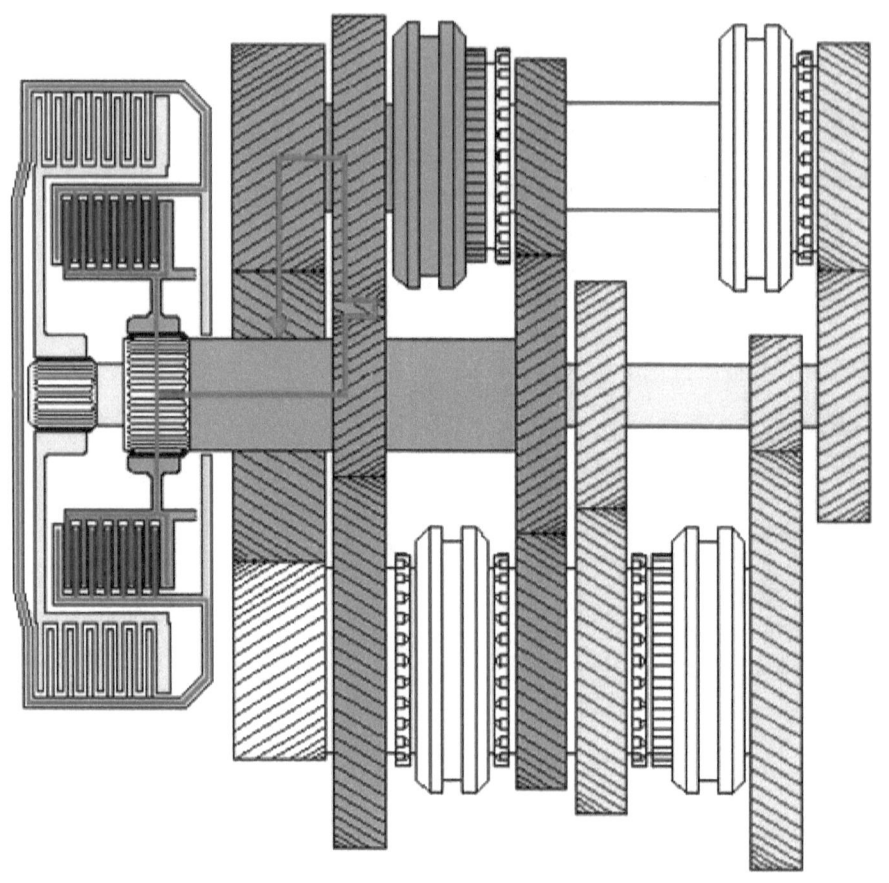

Rückwärtsgang

Nicht nur drei Wellen und wechselseitig miteinander kämmende Zahnräder sind in dem Kurzbaugetriebe vorhanden. Eine vierte sorgt für die Umlenkung des Drehsinns. Man sieht von ihr nur das Umlaufrad zwischen den beiden Zahnrädern, die durch die linke Schaltmuffe mit der oberen hinteren Welle formschlüssig verbunden werden. Beim Rückwärtsfahren kann schon der erste Gang eingelegt sein, so dass zu anschließender Vorwärtsfahrt nur noch die Kupplung gewechselt werden muss.

Hier das komplette Doppelkupplungsgetriebe mit Steuereinheit . . .

kfz-tech.de/PGt52

kfz-tech.de/YGt19

Deutsche Untertitel möglich . . .

kfz-tech.de/YGt20

▣▮▮ Ölspülung?

kfz-tech.de/PGt53

Nein, Sie müssen sich das teilweise Gestammel auf dem Video unten nicht bis zum bitteren Ende anhören. Es reicht, wenn Sie den Eindruck gewinnen, hier will jemand etwas verdienen. Allerdings könnten Sie vielleicht die Menge des zur Spülung nötigen und den Preis von ZF für das in Ein-Literdosen verpackte Getriebeöl noch mitnehmen, damit Sie nicht denken, wir würden Sie veräppeln, wenn wir Ihnen den Preis von 27 € pro Liter verraten.

Eigenlich ist auch das Bild oben nicht ganz richtig, denn es ist für den Wechsel von Getriebeöl zuständig. Nein, wir wenden uns heute gegen die Spülung von Automatikgetrieben, die in letzter Zeit anscheinend neu erfunden wurde, obwohl es das Automatikgetriebe schon seit mindestens achtzig Jahren gibt. Aber wir müssen vorsichtig sein, sonst verklagt man uns noch. Dafür haben die erheblich mehr Geld zur Verfügung als wir.

Auch ist es nicht ganz einfach, sich mit der Argumentation der Geldverdiener auseinander zu setzen. Leicht ist, noch einen geradezu dümmlicher Grund für die Spülung zu widerlegen, den mit den langkettigen Molekülen, die beim Gebrauch im Automatikgetriebe durch Scherkräfte gecrackt und ausgetauscht werden müssen. Warum dümmlich? Weil diese Kräfte bei jedem Zahnradtrieb wirksam sind, also auch im Haltschaltgetriebe, und da ist noch keiner auf die Idee einer Spülung gekommen.

Bevor wir uns aber mit weiteren Gründen für eine evtl. Spülung befassen, hier einmal zunächst ein grundsätzliches Statement. Als Autofahrer/in sind Sie unbedingt gehalten, nur das zu tun und zu lassen, was Ihnen der Hersteller sagt, bzw. in seine Bedienungsanleitung oder sein Serviceheft schreibt. Nur der wäre ja auch Ihr Ansprechpartner bei Garantie- oder Kulanzansprüchen, nicht der Zulieferer des defekten Teils.

Also hören Sie nicht auf ZF, so gute Getriebe die auch bauen. Selbst der Mensch unten im Video gibt zu, dass BMW eigentlich nur den teilweisen Ersatz des Getriebeöls vorschreibt. Leider erklärt er nicht, warum man das Öl eines Automatikgetriebes nicht vollständig wechseln kann. Das liegt am Wandler, der in der Regel einen Zu- und Abfluss nur durch die Welle in der Mitte hat. Alles unterhalb dieser Marke bleibt drin, wenn Sie am Getriebe selbst das Öl ablassen.

Jetzt spüre ich schon ihren fragenden Blick, warum man denn nicht unten am Wandlergehäuse für sehr kleines Geld ebenfalls eine Ablassschraube vorgesehen hat. Ja, das fragen wir uns auch, denn früher hat es so etwas am Wandler und an der hydraulischen Kupplung einmal gegeben. Die Antwort könnte aber ganz einfach sein: 'Weil es nicht nötig ist'.

Was denken Sie, wie viele Mio. Kilometer z.B. BMW mit solch einer Getriebebauart schon abgspult hat? Wenn da irgendeine Unregelmäßigkeit aufgefallen wäre, die durch das Wechseln von mehr als einem Drittel Öl bei 60.000 km hätte behoben werden können, was glauben Sie, wie schnell dann der Wandler eine Ablassschraube erhalten hätte? Da geht ein Hersteller bei fast beliebig verlängerbarer Garantie kein Risiko ein.

Denn an den Richtlinien von BMW sieht man ja, dass man dort nach 60.000 km mit einem Wechsel von nur einem Teil des Öls zufrieden ist. Auch seltsam, dass unser Spezialist da unten 15 bis 17 Liter teuerstes Getriebeöl nimmt und damit hofft, irgendwelche Verschmutzungen aus der unteren Hälfte des Wandlers durch die Bohrung in der Welle zum Automatikgetriebe hin auffangen zu können. Stellen Sie sich einmal die möglichen Erfolgschancen vor.

Eine der Begründung lautet trotzdem, dass ein Automatikgetriebe mehrere Kupplungen mit Belagmaterial enthält und ein Getriebeöl immer dickflüssiger werden lässt. Wie wollen Sie dagegen Beweis führen? Wir nehmen unser Serviceheft und schauen bei VW nach, denn deren (Direktschalt-) Doppelkupplungsgetriebe haben gar keinen Wandler, sondern eine sehr vom Abrieb her beanspruchte doppelte Kupplung.

> Damit Sie uns glauben, dass wir nachgeschaut haben:

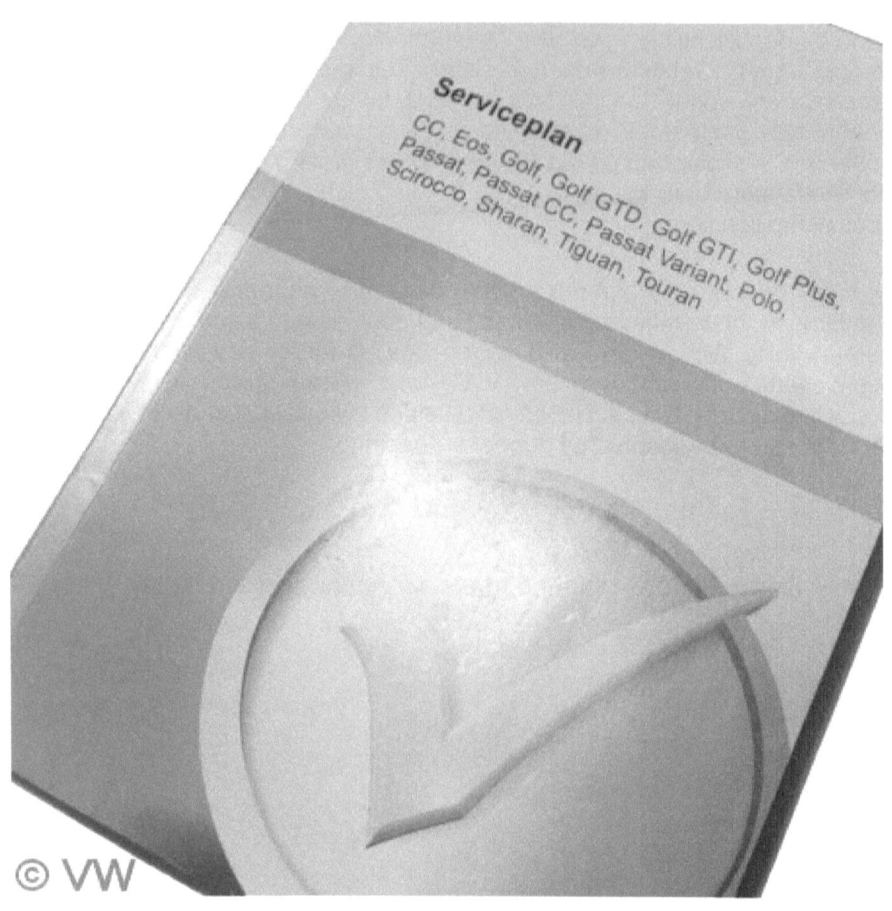

Und siehe da, dort ist selbst für die Doppelkupplungsgetriebe nur ein Ölwechsel alle 60.000 km vorgeschrieben und sonst gar nichts. Allerdings, wenn der Wandler fehlt, kann man einen weitaus größeren Teil des Getriebeöls wechseln. Aber nicht 15 bis 17 Liter, sondern z.B. gut 5 Liter.

Hier noch einmal der Hinweis: Lassen Sie sich nicht von Geschäftemachern verunsichern. Nehmen Sie lieber Ihr Serviceheft zur Hand und erteilen danach zielgerichtete Aufträge. Tückisch wird es, wenn man Ihnen als Drohung noch irgendwelche Folgen bei nicht regelmäßig durchgeführter Spülung vor Augen führt, wie da unten übrigens auch.

Das Internet ist voller Tipps, welche Macken am Getriebe mit einer Ölspülung zu beseitigen sind, z.B. überharte Schaltvorgänge. Unser Rat: Gehen Sie erst gar nicht zu solch zweifelhaften Doktoren, sondern gleich zu einem richtigen Arzt. ZF unterhält z.B. Servicepunkte, an denen Automatikgetriebe auch teilrepariert werden können, wir gehen jetzt einmal davon aus, mit Kostenvoranschlag. Und wenn das Getriebe nicht von ZF ist, hat man sicherlich eine Empfehlung für Sie.

kfz-tech.de/YGt21

kfz-tech.de/YGt22

▢||| 16 Gänge

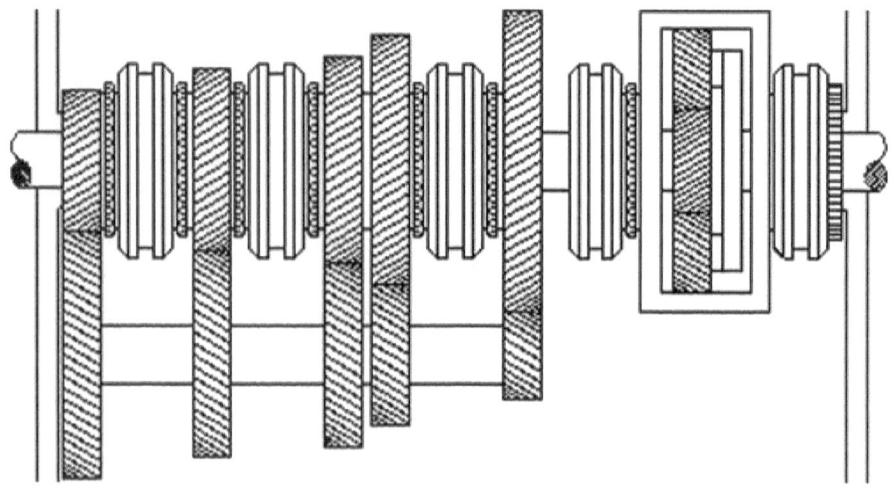

Leerlauf

Man soll es nicht glauben, wenn man die Zahnräder nachzählt, dass in diesem Getriebe 16 Gänge verborgen sind. Dabei ist es ganz einfach: Die beiden Zahnradpaare links am Eingang dieses Getriebes bilden die Vorschaltgruppe, was nichts anderes als ein Zweiganggetriebe ist. Es folgt nach rechts das viergängige Grundgetriebe und auf der rechten Seite die wieder zweigängige Nachschaltgruppe, hier als Planetensatz.

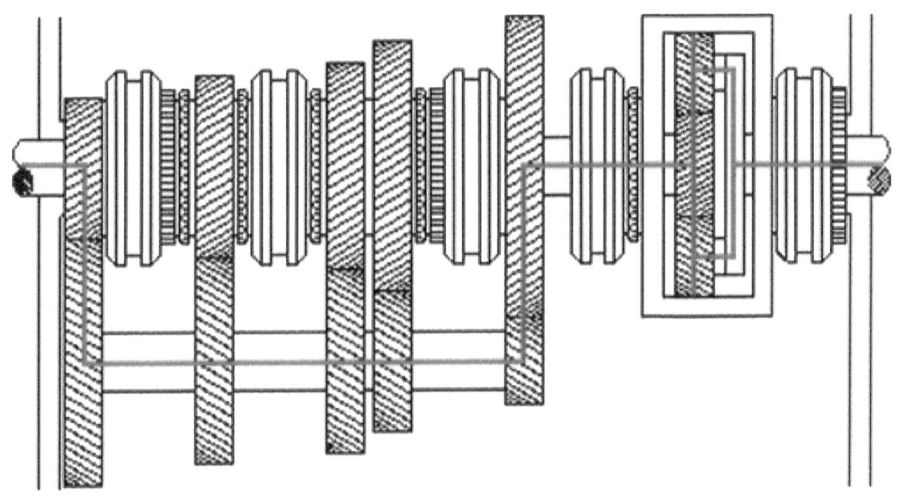

1. Gang

Die Anzahl der Gänge der drei Getriebe müssen natürlich multipliziert und nicht addiert werden. Hier ist die Schaltmuffe der Vorschaltgruppe nach links verschoben, wodurch eine höhere Übersetzung möglich wird. Dies ist auch im Grundgetriebe der Fall, wo die rechte Schaltmuffe nach rechts verschoben den ersten Gang einlegt. Insgesamt ist es der niedrigst mögliche Gang überhaupt.

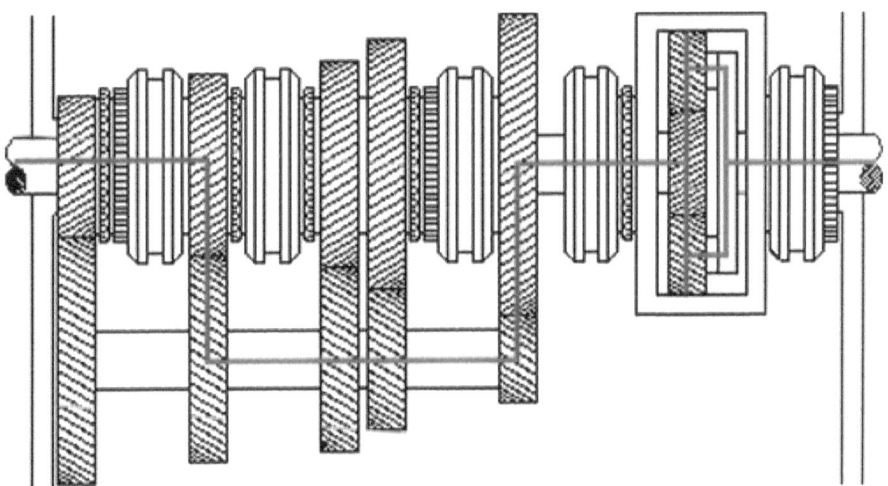

2. Gang

Nichts hat sich hier geändert, außer dass die Schaltmuffe der Vorschaltgruppe jetzt rechts angeordnet ist. Vorher war es eine Situation, die mit 'Low' bezeichnet wird und jetzt ist das 'High'. Die Vorschaltgruppe ist ein Zweiganggetriebe mit einem deutlich kleineren Übersetzungssprung, als er im Hauptgetriebe vorherrscht. Und das beweist quasi die nächste Abbildung.

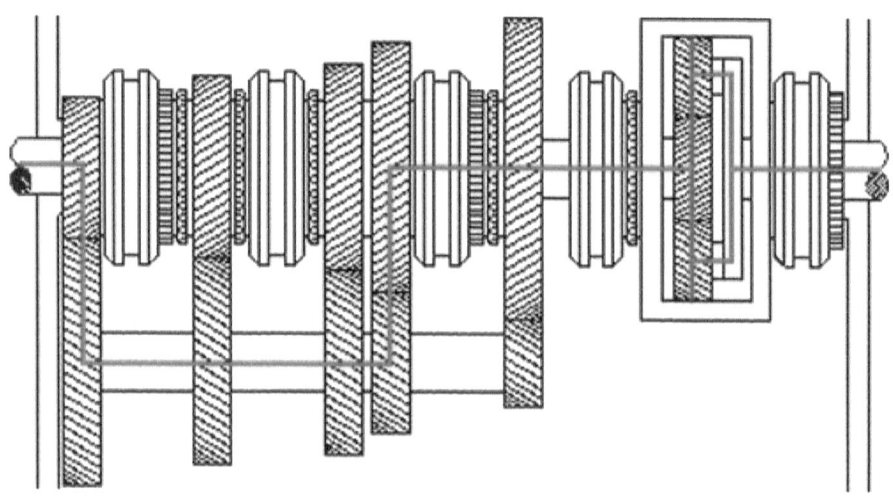

3. Gang

Hier ist die Schaltmuffe der Vorschaltgruppe wieder auf ihren vorigen Sitz zurückgekehrt. Dafür hat das Grundgetriebe in den zweiten Gang geschaltet. Man könnte meinen, wenn vorne die höhere Übersetzung zurückgenommen wird, nützt in der Mitte die jetzt höhere nichts mehr. Stimmt aber nicht, wenn der jeweilige Drehzahlsprung in der Mitte etwa doppelt so groß ist.

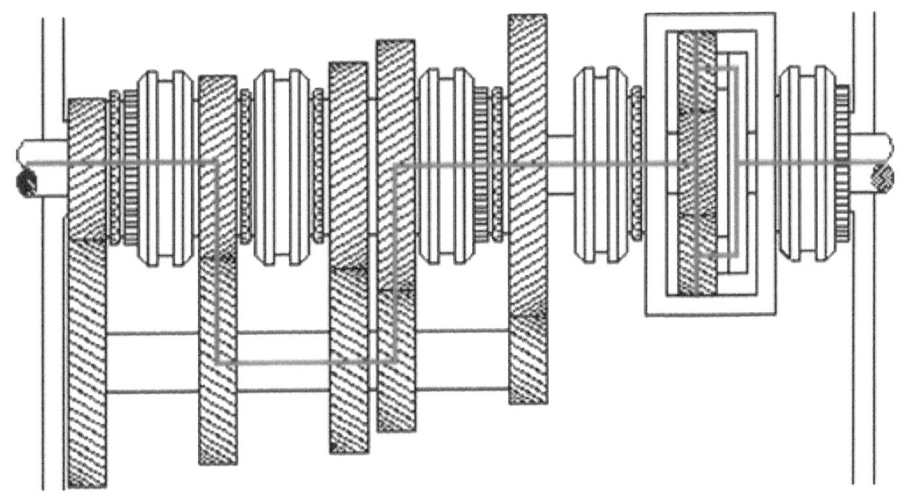

4. Gang

Das geht jetzt immer so weiter. Jeden Gang des Vierganggetriebes gibt es zunächst mit Low der Vorschaltgruppe und dann mit deren High. Von Low nach High wird nur eine, von High auf Low des nächsten Ganges müssen zwei Schaltmuffen bewegt werden. Ganz früher hatte sowohl die Vorschaltgruppe als auch das Hauptschaltgetriebe jeweils eigene Schalthebel, die entsprechend bedient werden mussten.

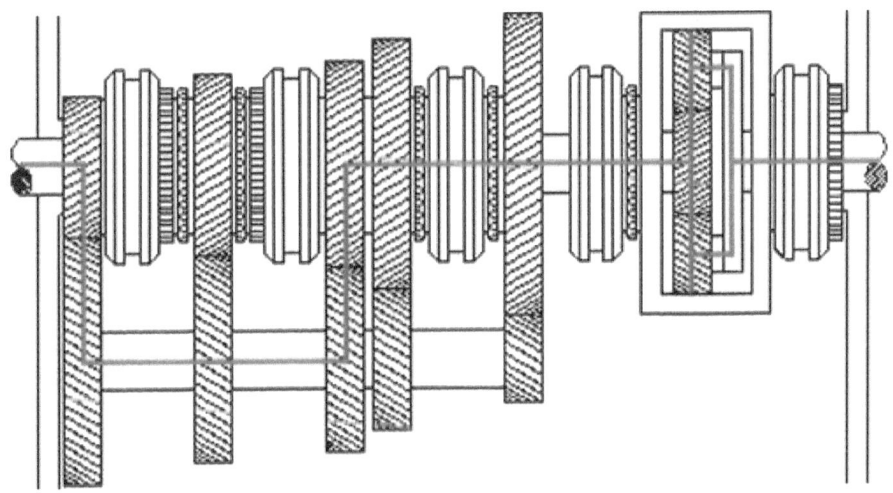

5. Gang

Hier ist dann der dritte Gang Low eingelegt und unten der dritte Gang High. So kann man die Gänge auch statt 5. und 6. Gang bezeichnen. Das drückt aus, es wurden nicht immer alle möglichen Gänge benutzt. Die sogenannten Zwischengänge werden gebraucht, damit der Lkw auch und gerade an einem Autobahnberg beim Zurückschalten nicht zu viel Geschwindigkeit verliert.

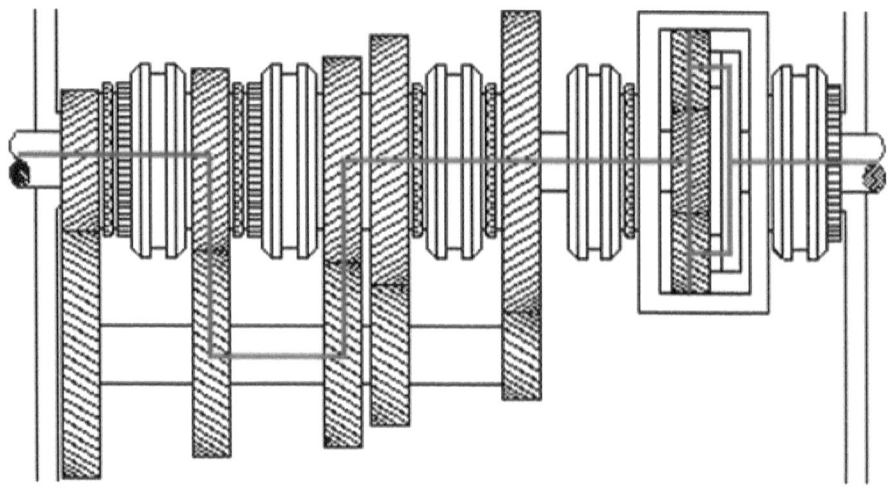

6. Gang

Natürlich hängt die Benutzung von Zwischengängen auch z.B. vom Beladungszustand und dem Vorhandensein eines Anhängers oder Aufliegers ab. Im günstigsten Fall können noch weitere Gänge überschlagen werden. Vielleicht auch deshalb und natürlich den kräftiger werdenden Motoren geschuldet, konnte dann die seltener benutzte Vorschaltgruppe über einen kleinen Schalter am Schalthebel bedient werden.

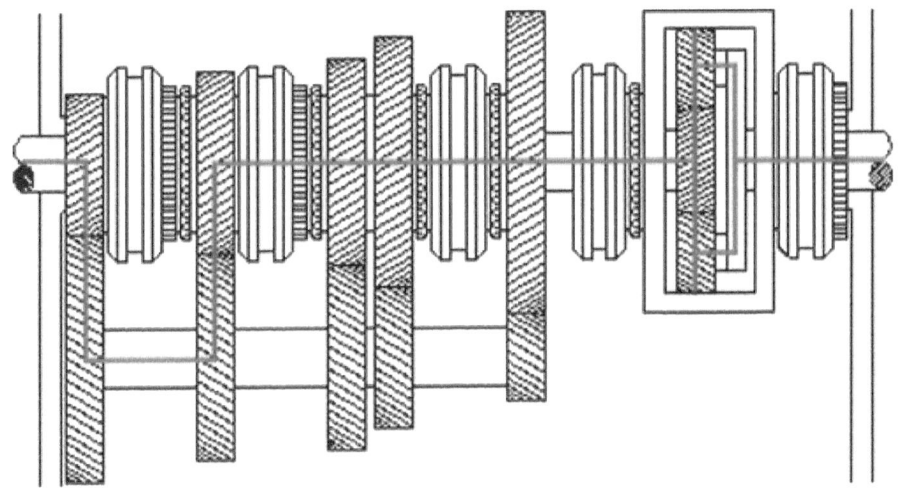

7. Gang

Moderne Lastwagen erledigen die Schaltvorgänge meist selbst, was mancher Hersteller zusammen mit der Betätigung der Kupplung auch als Semi- oder Halbautomatik bezeichnet. Dabei kann die Kupplung zum Anfahren durchaus noch auf das Feingefühl des/der Fahrers/in angewiesen sein.

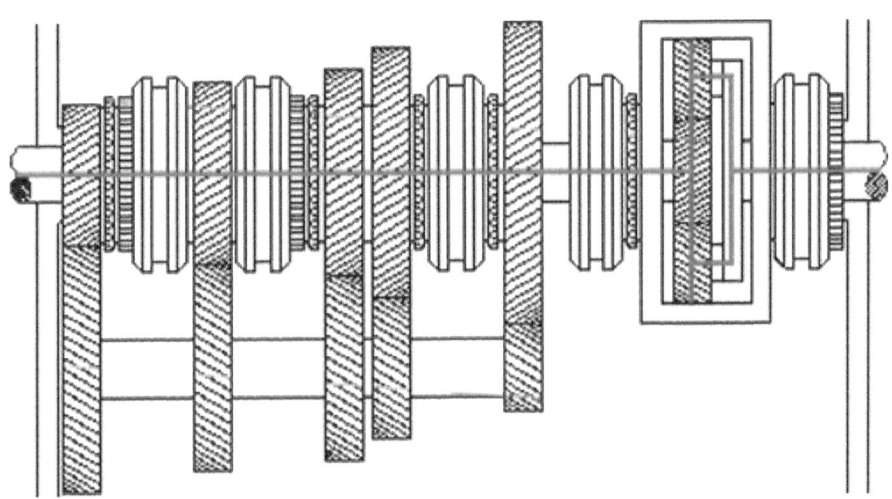

8. Gang

Anfahrlasten, z.B. beladen mit Hänger bergauf, können beim Lkw mit 3.000 Nm Motordrehmoment oder mehr so groß sein, dass automatisches Kuppeln wirklich nur mit Hydraulik möglich ist. Dagegen ist das Wiedereinkuppeln nach einem Schaltvorgang ein Klacks

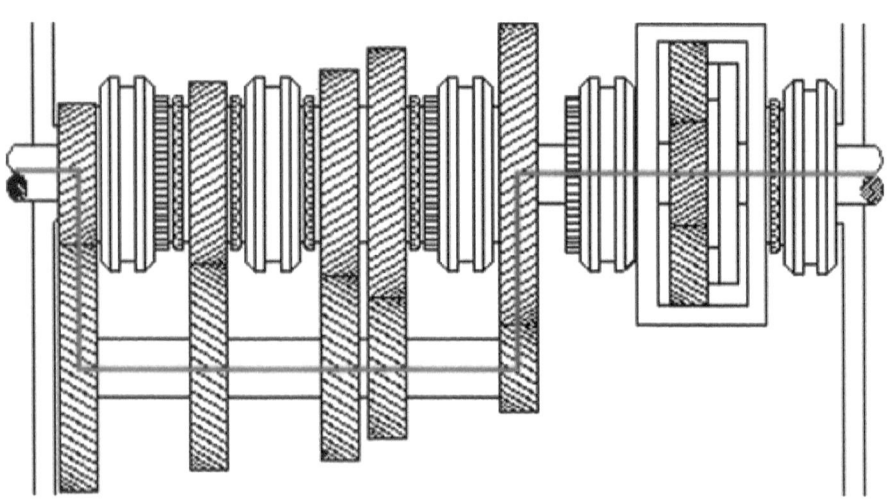

9. Gang

Wir sind bei 4 High oder dem achten Gang angekommen. Jetzt kommt die Nachschaltgruppe ins Spiel. Sie hat uns bisher, hier etwas umständlich durch zwei Schaltmuffen bedient, eine gewisse Untersetzung beschert. Jetzt muss Sie durch Umschaltung einen riesigen Drehzahlsprung vollziehen, größer als der bisher vom ersten zum achten Gang.

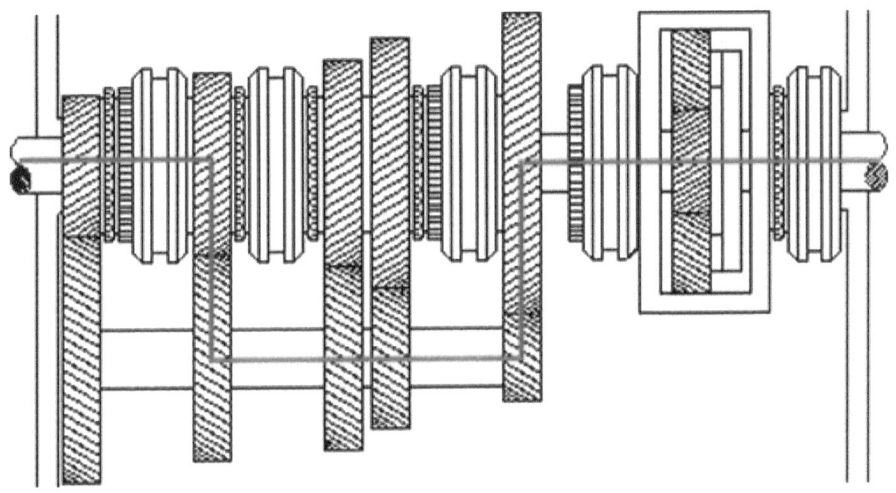

10. Gang

Sie ahnen es schon, für die Nachschaltgruppe war kein extra Schaltknüppel nötig. Sehr lange Zeit herrschte hier das sogenannte Doppel-H vor. Damit konnten die ersten vier Gänge normal durchgeschaltet werden. Zusätzlich gab es dann noch zwei Schaltgassen. Beim Übergang in diese hörte man es hinten zischen, weil pneumatisch die Nachschaltgruppe umgeschaltet wurde.

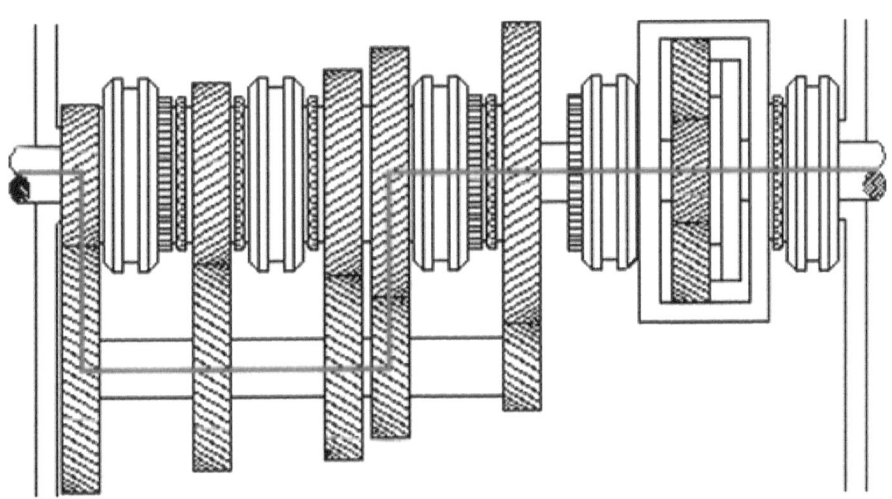

11. Gang

Heute merkt man nichts davon, dass jetzt, wie auf den Bildern zu sehen, sich der Planetensatz z.B. als Ganzes dreht. Die Gänge werden so präzise geschaltet, dass z.T. sogar auf die Synchronisierung verzichtet werden kann. Falls noch vorhanden, ist die statt wie beim Pkw aus Messing aus molybdänbeschichtetem Stahl.

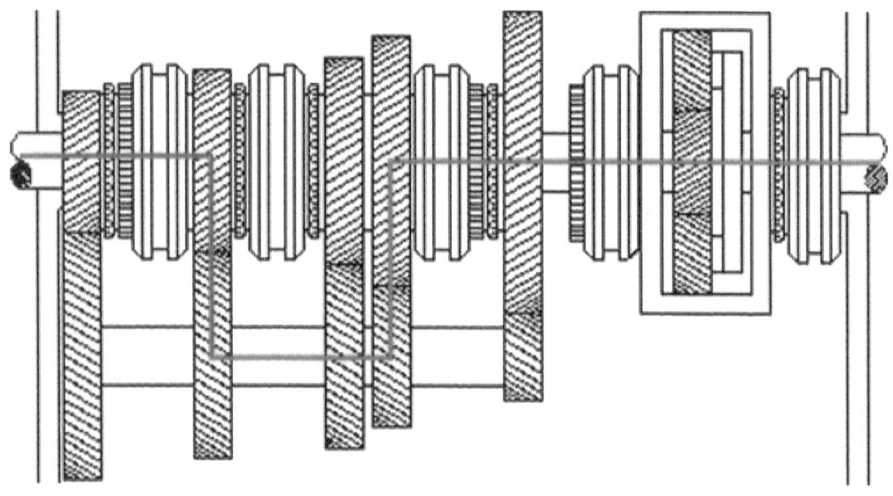

12. Gang

Natürlich kann der Lkw ebenso von einer Vollautomatik oder auch einem Doppelkupplungsgetriebe profitieren. Wie gesagt, Gangwechsel ohne Zugkraftunterbrechung halten den Motor besser auf Drehzahl und den Lastzug auf Geschwindigkeit. Auch hier kann eine Vorschaltgruppe ihren Platz davor finden.

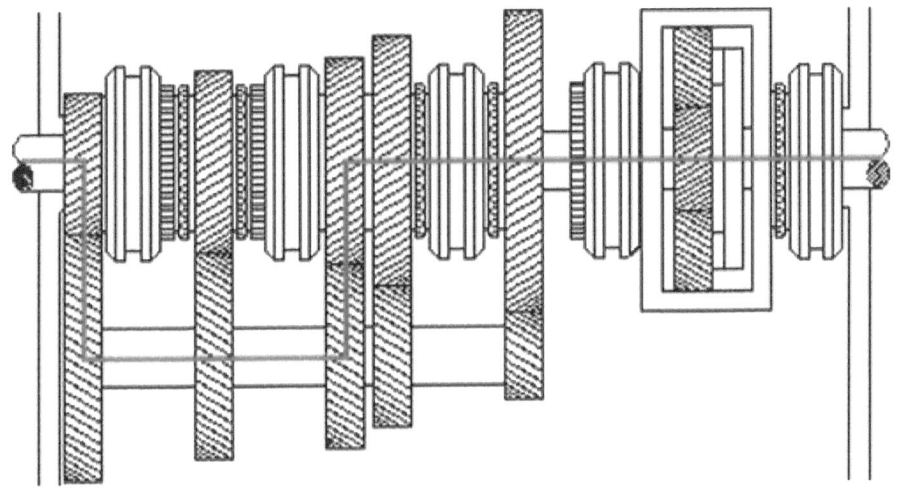

13. Gang

Statt 2 mal 4 mal 2 gleich 16 kann es natürlich auch 2 mal 3 mal 2 gleich 12 heißen, falls man nicht ganz so viele Gänge braucht. Das Lkw-Getriebe, schon wegen der breiteren und damit belastbareren Zahnräder viel größer und schwerer als bei einem Pkw, kann dann ein klein wenig kürzer ausfallen.

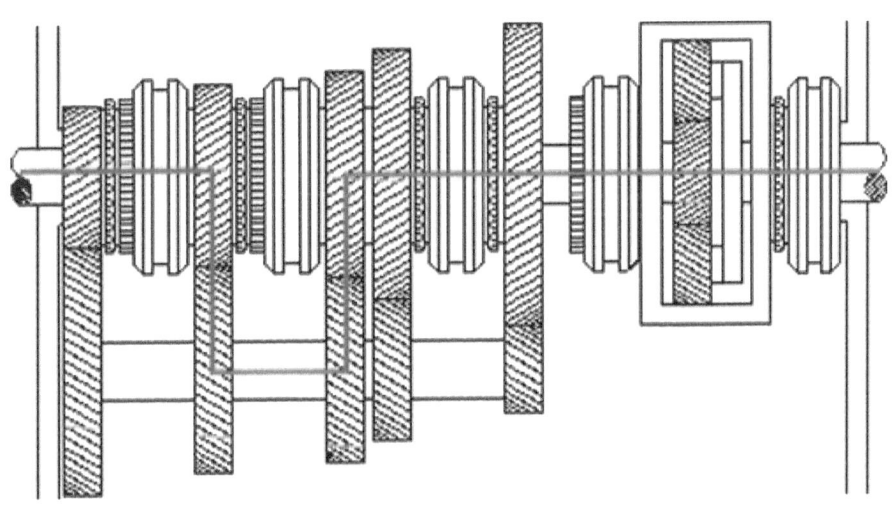

14. Gang

Hier noch ein Nachtrag: Der vorgeschaltete Radsatz kann auch 'Split-Gruppe' heißen, was noch einmal betont, dass hier Gänge quasi aufgeteilt werden. Ein Lkw bräuchte eigentlich wegen der beschränkten Höchstgeschwindigkeit weniger Gänge, aber wegen seines mit höchster Ökonomie versehenen, sehr kleinen, dauerhaft nutzbaren Drehzahlbereichs braucht er mehr.

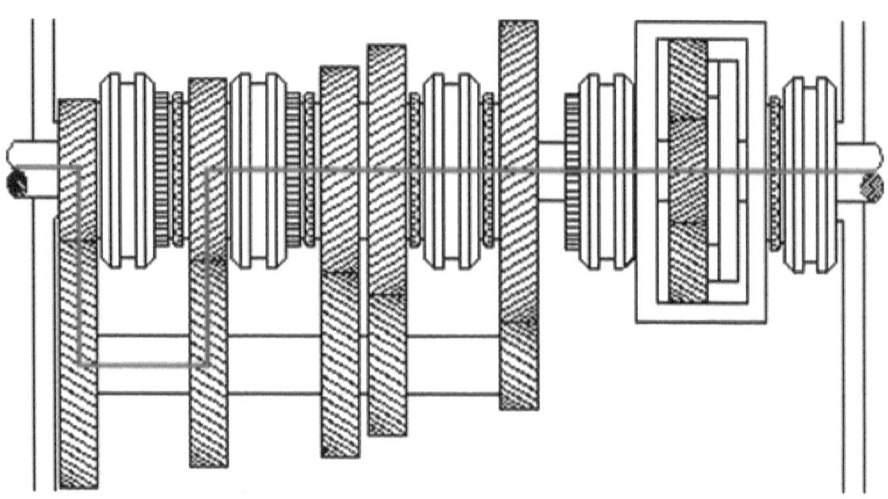

15. Gang

Unglaublich, welchen Aufwand man auch beim automatischen Schalten zum Spritsparen treibt. Da kann sogar die Topografie zusammen mit GPS herangezogen werden, um zu entscheiden, ob der Schaltvorgang noch lohnt oder die Bergkuppe bald zu Ende ist.

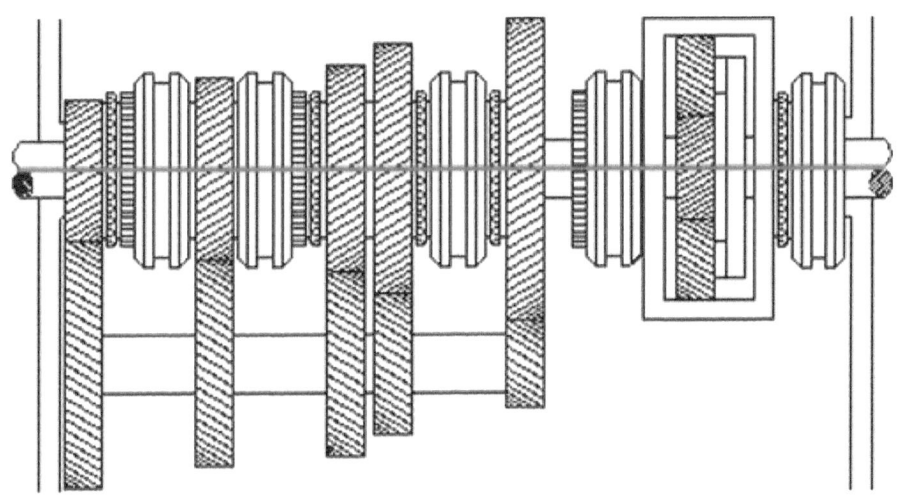

16. Gang

Nein, Rückwärtsgänge haben wir weggelassen. Deren vier wären möglich, aber in der Praxis werden höchstens zwei zugelassen. Noch ein Unterschied zum Pkw: Schon das handgeschaltete Lkw-Getriebe hat in der Regel eine Ölpumpe.

So sieht das dann im Diagramm aus . . .

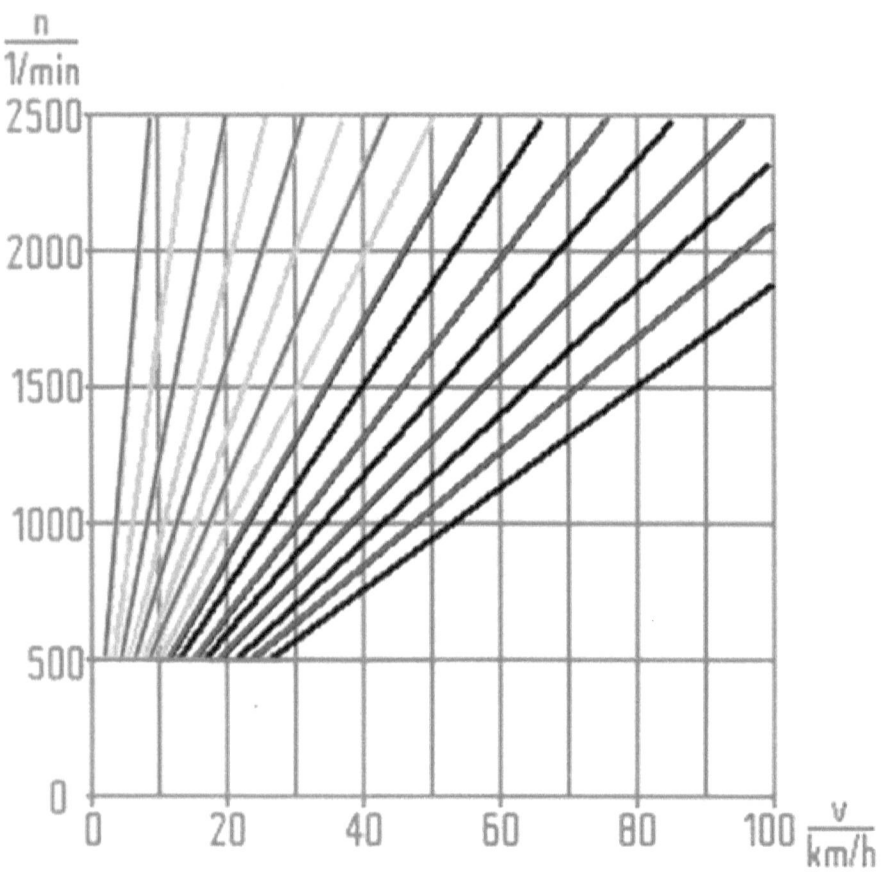

Ausgeführtes Beispiel	
1. Gang	11,89
2. Gang	10,09
3. Gang	8,24
4. Gang	6,99
5. Gang	5,83

6. Gang	4,95
7. Gang	4,20
8. Gang	3,57
9. Gang	2,83
10. Gang	2,40
11. Gang	1,96
12. Gang	1,67
13. Gang	1,39
14. Gang	1,18
15. Gang	1,00
16. Gang	0,85

kfz-tech.de/YGt23

kfz-tech.de/YGt24

▢||| Classic US-Truck 1

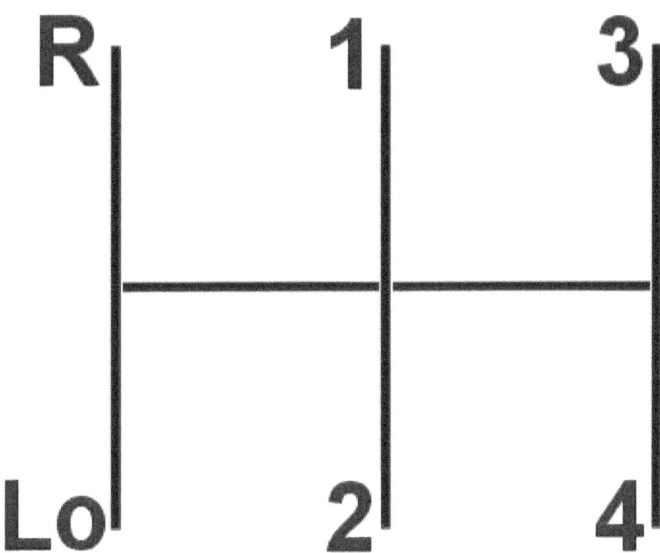

Das Grundschema müsste Ihnen doch bekannt vorkommen. Genau in dieser Form ist es allerdings selten. Es hat aber bei Porsche eine solche Schaltung gegeben. Die haben damals so argumentiert, dass der Wechsel zwischen dem zweiten und dritten Gang wesentlich häufiger sei als der zwischen dem ersten und zweiten. Naja.

Freilich müssten Sie statt 'Lo' eine '1' setzen und die anderen Zahlen um eins erhöhen. Es ergäbe sich also ein Fünfganggetriebe und überraschenderweise der Ausgangspunkt vieler klassischer amerikanischer Schaltgetriebe. Warum dann nicht direkt '1, 2, 3, 4, 5'? Ganz einfach, weil beim Lkw fast nie im untersten Gang angefahren wird. Der ist nur quasi für den Notfall da, also beispielsweise beladen im Anhängerbetrieb bergauf. Da würde er auch die Kupplung entlasten.

Irgendwo darüber setzt man an und beachtet dabei die Gegebenheiten. Ein Lkw ist halt ein besonders gewichtiges Gefährt und das braucht mehr Beachtung, z.B. auch beim Bremsen. Und wenn der Lkw nicht durch Gewicht zu 'Lo' gezwungen wird, dann vielleicht um in schwierigem Gelände bei geringer Geschwindigkeit genügend Drehmoment auf die Antriebsräder bringen zu können.

Sie haben es vermutlich schon geahnt, bei fünf Gängen plus Rückwärtsgang bleibt es nicht. Allerdings haben Trucks meist Fuller-Getriebe (Bild oben) und die gleich zwei Antriebswellen. Während also beim 'normalen' Schaltgetriebe für jeden Gang zwei Zahnräder nötig wären, sind es hier drei. Es sind erheblich weniger nötig, wenn man ein Zweiganggetriebe nachschaltet, amerikanisch 'Range Shifter' genannt.

Jetzt gäbe es theoretisch zwei Möglichkeiten, abhängig von den Übersetzungen der einzelnen Gänge. Wäre dazwischen genügend Platz und die Übersetzung zwischen 'Lo' und 'Hi' entsprechend klein, könnte man jeden Gang zunächst von 'Lo' nach 'Hi' schalten, bevor man den nächsten wählen würde. Allerdings müsste dort dann der Hebel für den Range Selector wieder auf 'Lo' stehen.

Zu viel Aufwand. Deshalb sind die Gangsprünge im (Fünfgang-) Grundgetriebe relativ klein und der im Range Selector ziemlich groß. Man kann also alle Gänge der Reihe nach durchschalten und bedient erst den Range Selector, wenn man, dem Schema oben folgend, von '4' hochschalten will. Es kostet vielleicht etwas Überwindung, aber der Ganghebel muss dann zurück nach '1', natürlich unbedingt quasi gleichzeitig mit dem Anheben des Hebels für den Range Selector von 'Lo' nach 'Hi'.

Nein, wir sind noch nicht dort, wo wir hin wollten, haben aber immerhin schon 8 Gänge beisammen. 9 Gänge sind es, wenn Sie mit 'Lo' beginnen und 10, wenn das Getriebe so konzipiert wurde, dass man von '4' nach 'Lo' schalten kann. Jetzt sind wir immer noch nicht bei 13 bis 18 Gängen, was der Realität der meisten klassischen Trucks entsprechen würde. Dazu bedarf es noch eines Zweiganggetriebes, uns bisher als 'Vorschaltgruppe' geläufig.

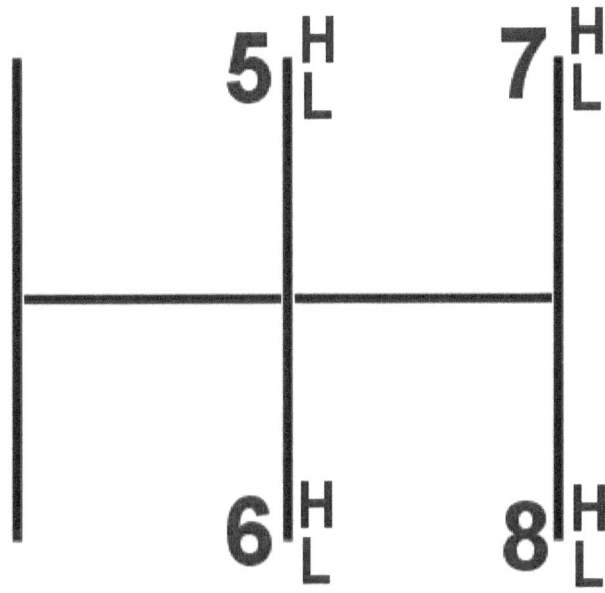

Der sogenannte 'Splitter' ist der entsprechende Schalter am Ganghebel. Der muss aber jetzt in jedem Gang betätigt werden, um den Zwischengang zwischen '5' und '6', '6' und '7', '7' und '8' und über '8' hinaus erreichen zu können. Der Splitter für 13 Gänge hat die Farbe Rot und ist nur für die oberen vier Gänge verfügbar, verdoppelt die quasi. Allerdings werden Sie seltener gebraucht, etwa, wenn ein Zwischengang am Berg früher angewählt werden könnte, um den Schwung zu halten.

Und jetzt wird vielleicht auch der Weg zu 18 Gängen mit grauem Shifter deutlich, denn hier sind wirklich alle Gänge gesplittet, auch die unteren fünf Gänge. Übrigens entstehen 15 Gänge, wenn man die fünf ursprünglichen

Gänge ohne Range Selector doppelt splittet, hier wegen zu geringem Vorkommen nur erwähnenswert.

So, das waren jetzt Beispiele sehr häufig vorkommender Getriebe. Natürlich können auch nur 4 Gänge doppelt gesplittet (**T**win **S**plit) sein, sogar zusätzlich mit **O**verdrive versehen sein. Auch gibt es eine Menge Leute, die sich so an das Fuller-Getriebe gewöhnt haben, dass sie es völlig geräuschlos schalten, ohne die Kupplung zu treten, außer beim Anfahren.

Links Splitter, rechts Range Selector . . .

kfz-tech.de/YGt25

▫▥ Classic US-Truck 2

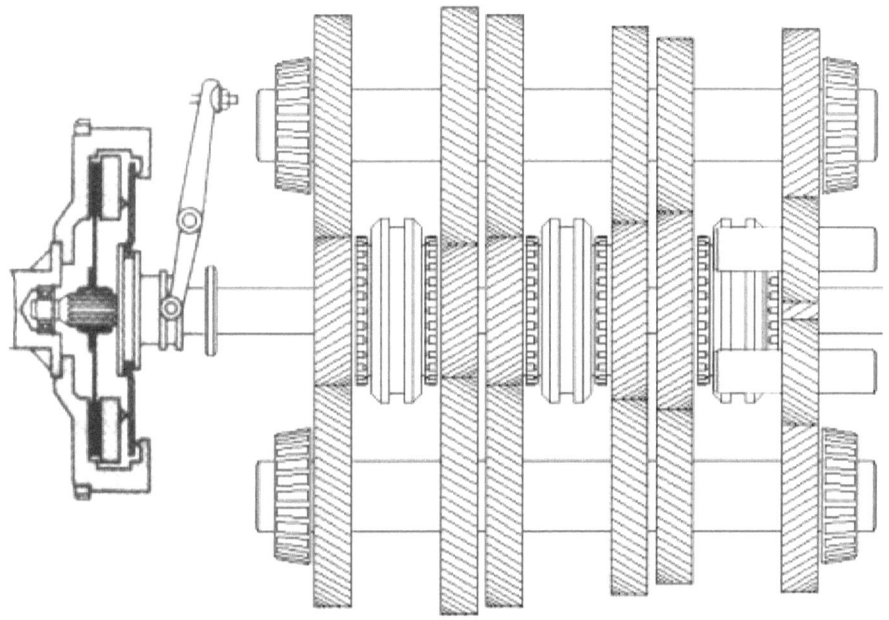

Das wäre jetzt das Prinzip des Fuller-Grundgetriebes, das zu dem Schaltschema im vorigen Kapitel passt. Es fehlen natürlich der Range Selector und der Splitter, weshalb wir hier nach dem Rückwärtsgang ganz rechts die Gänge Lo, 1, 2, 3, 4 und den fünften als direkten Gang sehen. Links dann die stets bleibende Verbindung zu den beiden Vorgelegewellen.

Eine Kupplung in gezogener Ausführung ist dann ganz links dargestellt. Um die geht es eigentlich bei diesem unsynchronisierten Getriebe. Da gilt es, umsichtig zu sein. Drei Parameter gehören ins Blickfeld: die Fahrgeschwindigkeit, die Motordrehzahl und natürlich die beiden Gänge, zwischen denen gewechselt werden soll.

Beginnen wir mit dem Hochschalten. Die reine Lehre sagt, dass man nach dem Hochbeschleunigen in einem bestimmten Gang die Kupplung treten, den Gang herausnehmen und einen kurzen Moment warten soll. Dies gerade so lange, bis die sinkende Motordrehzahl die beiden jetzt zu verbindenden Zahnräder auf etwa gleiche Drehzahl gebracht hat. Dann kann man wieder die Kupplung treten und den höheren Gang einlegen.

Beim Herunterschalten ist nach dem ersten Kuppeln ein Zwischengasstoß erforderlich, um damit den Motor auf die höhere Drehzahl zu bringen, die er im nächsttieferen Gang haben wird. Und dann noch einmal Kuppeln und hoffentlich geräuschlos hinein damit. Und wie viel Gasgeben ist nötig? Eigentlich sagt einem das der Drehzahlmesser, aber dabei auch den Tacho beachten. Wird das Fahrzeug nämlich während der Schaltpause schneller, weil bei Bergabfahrt der Motor eine gewisse Bremswirkung hatte, muss etwas mehr Gas gegeben werden, geht es bergauf, dann weniger.

So, und jetzt schauen wir uns noch einmal die Kupplung an und entdecken eine relativ unscheinbar eingezeichnete Getriebebremse rechts neben dem Ausrücklager. Die kann hier, aber auch an anderer Stelle in der Kupplung eingebaut sein. Wichtig ist, dass sie bei Betätigung die Eingangswelle des Getriebes im Prinzip mit dem Gehäuse verbindet. Sie muss also im Bild oben unbedingt fest mit der Getriebewelle verbunden sein.

Eine solche amerikanische Kupplung hat also für uns Europäer ungewohnte drei Stellungen. Aus der Ruhestellung erfolgt nach einem gewissen Weg die gewohnte Trennung von Motor und Getriebe. Drückt man sie allerdings noch weiter bis zu ihrer Endstellung durch, erreicht in der Skizze oben der nicht drehbare Teil des Ausrücklagers die mit der Getriebewelle drehende Scheibe. Natürlich ist da in der Praxis noch ein Reibbelag zwischen.

Steht also ein Truck an der Ampel, wird die Kupplung ganz durchgedrückt, um die eventuell immer noch drehende Getriebewelle(n) anzuhalten. Springt die Ampel auf grün, kann man ganz normal in einem unteren Gang die Kupplung kommen lassen und der Truck zieht los. Was man aber keinesfalls tun sollte, die Kupplung beim nächsten Schaltvorgang wieder ganz durchdrücken, sondern etwa 25 mm (1 Zoll) vorher aufhören, sonst leidet die Getriebebremse unnötig und es kracht mit ziemlicher Sicherheit.

▢▮▯ Wandler

Hier geht es weniger um das dargestellte Leit- und Turbinenrad als um die Schönheit der Konstruktion. Wir kümmern uns zunächst um die Ölströme, die hier das Drehmoment übertragen. Zum hydrodynamischen Drehmomentwandler kommen wir später. Wir können aber schon einmal verraten, dass er zwischen Motor und Automatikgetriebe eingebaut ist, quasi die herkömmliche Kupplung zumindest beim Anfahren ersetzt.

Wandler mit unten vom Gehäuse angetriebener Ölpumpe

Hier zunächst einmal die hydraulische Kupplung zum Eingewöhnen. Sie ist bitteschön strikt zu unterscheiden von der hydraulisch betätigten Kupplung, denn die arbeitet mit Reibung und hat in der Regel ein Kupplungspedal. Unsere hier ist frei von beinahe jeglichem Einfluss von draußen, vor allem von irgendeiner Möglichkeit zur Betätigung.

kfz-tech.de/PGt71

Sie müssen sich links den Motor vorstellen und rechts das Automatikgetriebe. Etwas verwirrend mag sein, dass sich trotzdem rechts das vom Motor angetriebene und komplett ins Gehäuse integrierte Pumpenrad befindet, während das Turbinenrad auf der linken Seite frei im Gehäuse drehbar formschlüssig auf der Getriebe-Eingangswelle montiert ist.

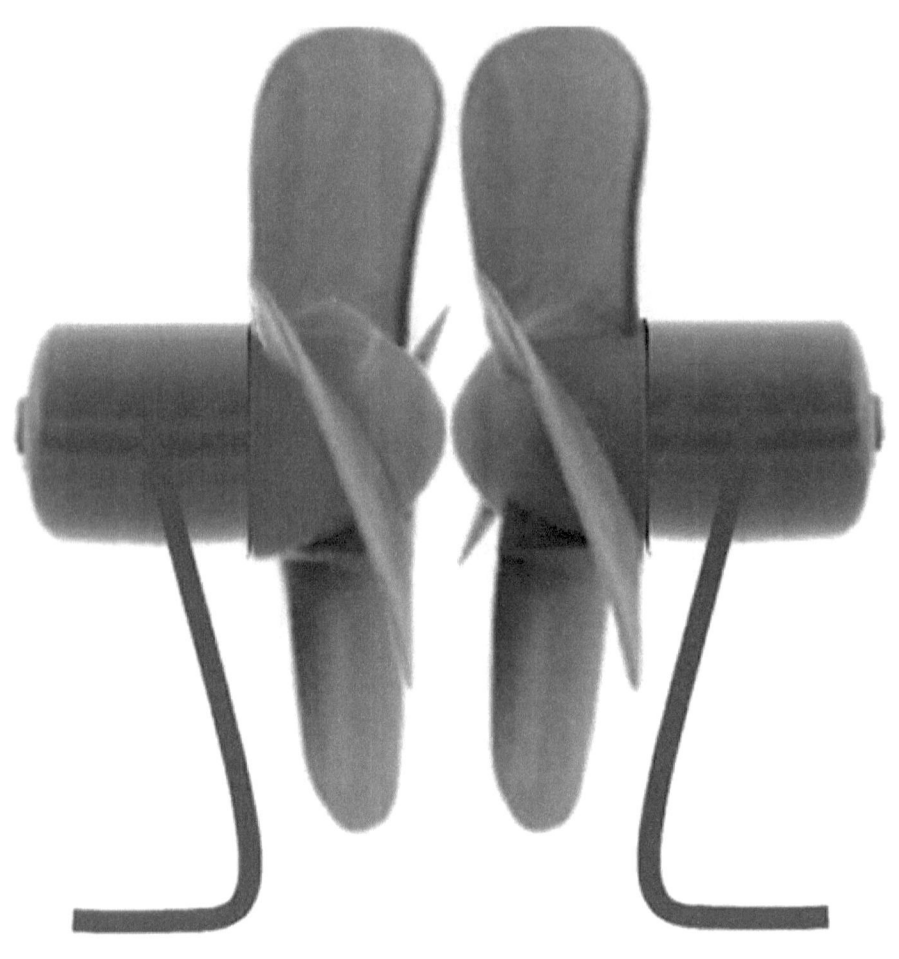

Was passiert, wenn der linke Ventilator an Strom angeschlossen und eingeschaltet wird und der rechte nicht? Ganz klar, nach einer Weile wird der linke durch den vom rechten erzeugten Luftstrom mit angetrieben. Bitte beachten Sie, wie wenig passend zwei gleiche Ventilatoren für diesen Versuch sind, weil die Flügel verkehrt herum ausgerichtet sind. Sie können froh sein, wenn der rechte zwei Drittel der Drehzahl des linken schafft.

Nah beieinander sollten sie schon sein und der von links kommende Luftstrom sollte durch entsprechende Flügelstellung das rechte Rad in die entsprechende Richtung antreiben. Schauen Sie sich weiter oben an, wie unterschiedlich die Schaufeln von Pumpen- und Turbinenrad geformt sind. Natürlich befördert Flüssigkeit das Drehmoment auch besser als Luft.

kfz-tech.de/PGt72

Drehmomentwandler, sogar mit Überbrückungskupplung ganz links

Der Drehmomentwandler kann, wie der Name schon sagt, das Drehmoment (auf Kosten der Drehzahl) verstärken, die hydraulische Kupplung nicht. Sie ist typisch für die Automatiken von Mercedes noch Jahrzehnte nach deren Einführung. Die Wagen hatten deshalb auch immer einen Gang mehr als die Konkurrenz.

kfz-tech.de/PGt73

Wir beginnen mit dem Pumpenrad und relativ graden Schaufeln im mit Motordrehzahl angetriebenen Gehäuse. Das Hydrauliköl wird von diesem in Drehrichtung und durch die Zentrifugalkraft nach außen bewegt. Es trifft dort auf die Schaufeln des Turbinenrades. Soweit kein Unterschied zur hydraulischen Kupplung, außer dass die Schaufeln sehr besonders ausgerichtet und geformt sind.

kfz-tech.de/PGt74

Schauen Sie sich das Turbinenrad ohne Leitrad an. Es wird so angetrieben, dass es gegen den Uhrzeigersinn dreht. Das vom Pumpenrad kommende Öl verschwindet also in den Taschen am äußeren Rand. Das Halbrund in der Mitte kann zwar Öl enthalten, das aber an dem ganzen Strömungsprozess nicht beteiligt ist. Etwas weiter innen taucht das Öl wieder auf.

Es hat jetzt durch die sehr stark gebogenen Schaufeln seine Richtung verändert, strömt also, wenn man die Drehung des Turbinenrades unberücksichtigt lässt, fast in Gegenrichtung wieder aus und trifft so auf das Leitrad. Wäre das nicht entsprechend abgestützt, es würde rückwärts drehen. Und jetzt erfährt der Ölstrom noch einmal eine Richtungsänderung, nämlich wieder gegen den Uhrzeigersinn und stößt so auf das in ebensolcher Richtung drehende Pumpenrad.

kfz-tech.de/PGt75

So ein doppelt umgelenkter Flüssigkeitsstrom entwickelt beachtliche Kräfte. Die werden nicht gegen das abgestützte Leitrad, sehr wohl aber gegen das Turbinenrad wirksam. Diese zusätzliche Kraft in dessen Drehrichtung wirkt als Verstärkung des Drehmoments. Sie ist umso größer, je mehr der Flüssigkeitstrom am freien Durchfluten bis wieder hin zum Pumpenrad gehindert wird. Und genau dieser Effekt nimmt bei größer werdendem Drehzahlunterschied zu.

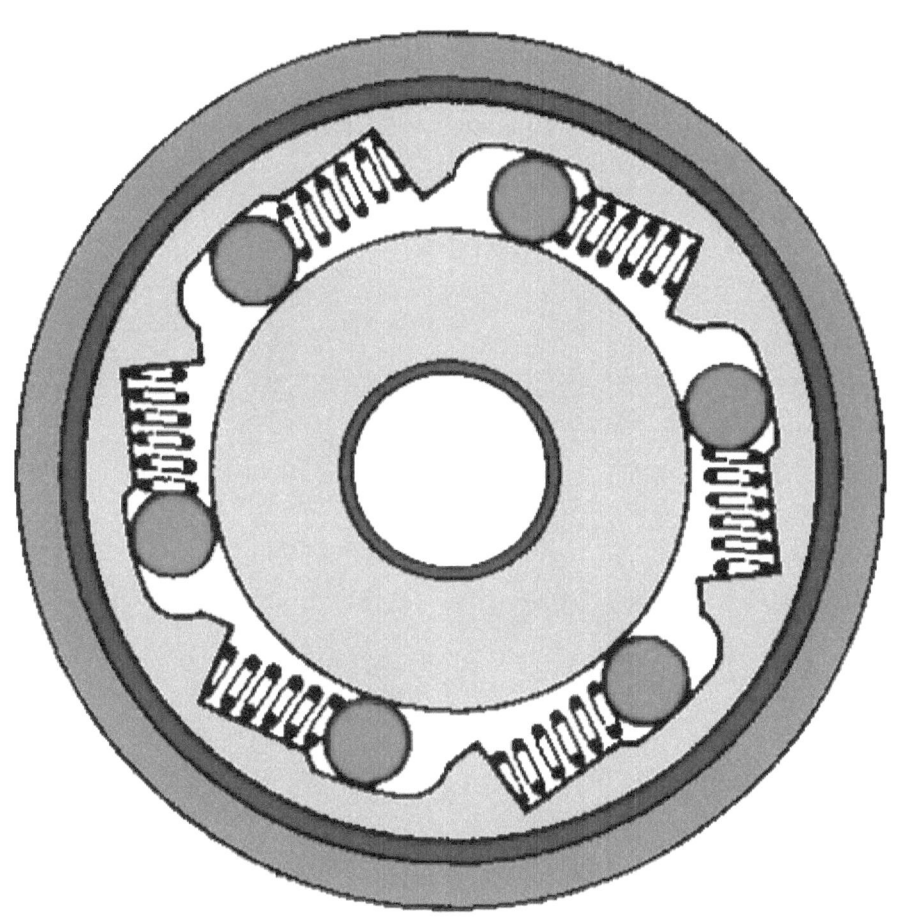

Beim Anfahren kann durch so einen Drehmomentwandler das vom Motor kommende Drehmoment verdoppelt werden, das mit zunehmendem Gleichlauf von Pumpen- und Turbinenrad zurückgeht. Am Ende ist die Umlenkung durch das Leitrad störend auch für den Wirkungsgrad. Durch eine Art Freilauf (Bild oben) hat man die Möglichkeit vorgesehen, dass es einfach in Drehrichtung mitläuft. Im ersten und im fünften Bild sehen Sie das Leitrad ungeschnitten in der Mitte.

Zusammen mit normalen Wechselgetrieben und einer kleinen, elektrisch betätigten Schaltkupplung ergab sich eine Halbautomatik. Der erste Gang konnte wegen der Drehmomentverstärkung weggelassen werden.

Solange das Leitrad stillsteht, spricht man vom Wandler-, wenn es mitdreht vom Kupplungsbereich. Um in letzterem die Verluste etwas geringer zu halten, gibt es die Wandler-Überbrückungskupplung, unten im Bild sogar schon als Mehrscheiben-Reibungkupplung mit Schwingungstilger. Ist sie voll eingerückt, verhindert sie jeglichen Drehzahlunterschied zwischen Pumpen- und Turbinenrad. Vielfach bleibt dieser Teil bei modernen Konstruktionen nach dem Anfahren sogar bei weiteren Gangwechseln geschlossen.

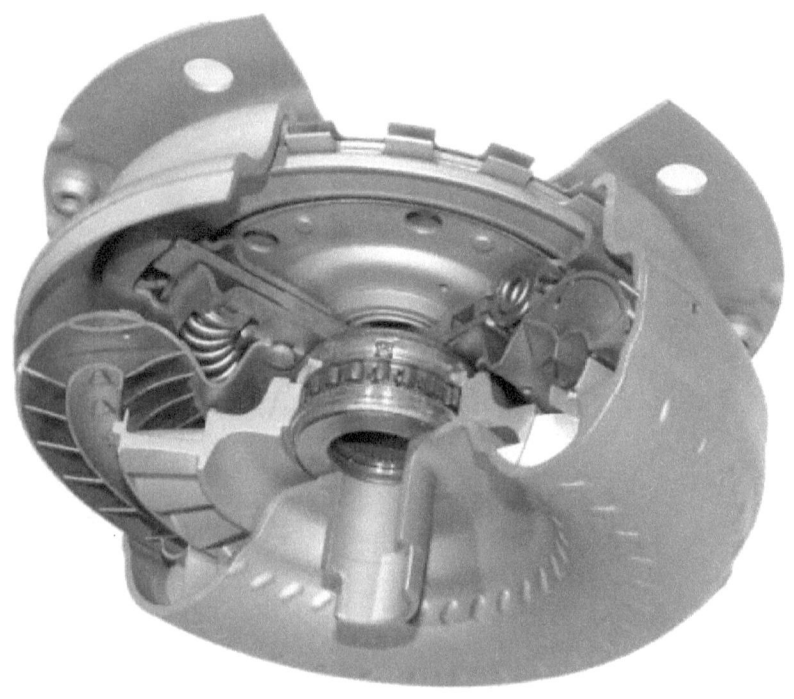

kfz-tech.de/PGt76

Wenn Sie genau hinschauen, können Sie erkennen, dass der Rand der auf die Kupplung wirkenden Scheibe einigermaßen bündig zum Gehäuse ist. Baut sich also im Raum dahinter ein Öldruck auf, so sorgt der für ein Lösen der Kupplung, Druck aus dem viel größeren Raum vorn bewirkt ein Schließen der Kupplung. Das kann durch die Ölströme erreicht werden, die dem Drehmomentwandler durch eine Bohrung in der innersten Welle bzw. zwischen den Wellen zu- und abfließen.

Gelangt also auf diese Art und Weise das Öl direkt in den hinteren Raum und gelangt durch eine Öffnung im vorderen Raum zurück, wird ausgekuppelt. Dreht man den Ölstrom jetzt um, dann wird dadurch das Einkuppeln bewirkt. Das erledigen elektrisch ansteuerbare Ventile zwischen

Ölpumpe und Drehmomentwandler, von denen es im eigentlichen Automatikgetriebe noch viel mehr gibt. Inzwischen ist deren Ansteuerung auch für einen gewissen Schlupf möglich.

kfz-tech.de/PGt77

Haben Sie schon einmal überlegt, warum man trotz fehlendem Kupplungspedal Gas und Bremse mit einem Fuß bedient? Und das auch bei amerikanischen Autos, wo kaum jemand auf die Idee kommt, zwischen Automatik und Schaltgetriebe zu wechseln. Der Grund ist relativ einfach. Es soll nämlich verhindert werden, dass Gaspedal und Bremse gleichzeitig bedient werden. Denn das bringt das Hydrauliköl in kürzester Zeit zum Kochen.

Da quirlt das Pumpenrad Öl rund und das Turbinenrad wird durch die Bremse an jeglicher Drehung gehindert. Man spricht von einer Temperaturerhöhung von bis zu 10°C pro Sekunde. Es gibt kaum eine andere Methode, den eigenen Antrieb so wirksam zu schädigen. Dabei arbeitet das Wandleröl schon in einem relativ hohen Temperaturbereich. Bedenken Sie nur, dass es Kühler für dieses Öl gibt, die im Kühler des Motors integriert sind.

Der Vorteil dieser Methode ist natürlich, dass Kühlflüssigkeit viel schneller warm wird wie bei normaler Behandlung das Öl des Automatikgetriebes. Da geht dann die Energie in die Gegenrichtung. Aber wenn es im Kühler bis über 100°C warm werden kann, müsste Ihnen bewusstwerden, wie heiß das Hydrauliköl des Automatikgetriebes werden kann. Der Wandler ist übrigens der heißeste Punkt. Auch die häufigere und deutlich aufwendigere Wartung ist hauptsächlich auf die Erwärmung zurückzuführen.

Natürlich begrenzt die getretene Fußbremse auch die maximal erreichbare Drehzahl des Motors. Sie wird Überziehungsgeschwindigkeit (stall speed) genannt und beträgt maximal wohl so um die 2.500/min.

kfz-tech.de/PGt78

Hier noch einmal die besprochenen Bauteile kompakt im Zusammenbau

Alle diese Lamellenkupplungen können inzwischen auch, zumindest in Teilbereichen, schlupfend ausgelegt werden. Die Überbrückungskupplung kann im Schubbetrieb und beim Bremsen sogar geöffnet sein. Wandler selbst können das Empfinden von Automatikgetrieben deutlich verändern, u.a. weich arbeitend bei einer Komfort-Limousine z.B. amerikanischen Zuschnitts, hart zum Spritsparen beim Stadtbus.

kfz-tech.de/YGt33

Deutsche Untertitel möglich - . . .

kfz-tech.de/YGt34

▢▮▮▮ Planeten 1

Ja, Planeten gibt es auch im Kfz-Bereich, wenn auch wie oben im Bild auf Wellen drehend angeordnet. Allerdings können sich auch diese Wellen im Raum drehen, wenn auch nur wieder an die Rotation gebunden. Diese Art der formschlüssigen Verbindungen mag zu der Assoziation mit dem Weltall angeregt haben.

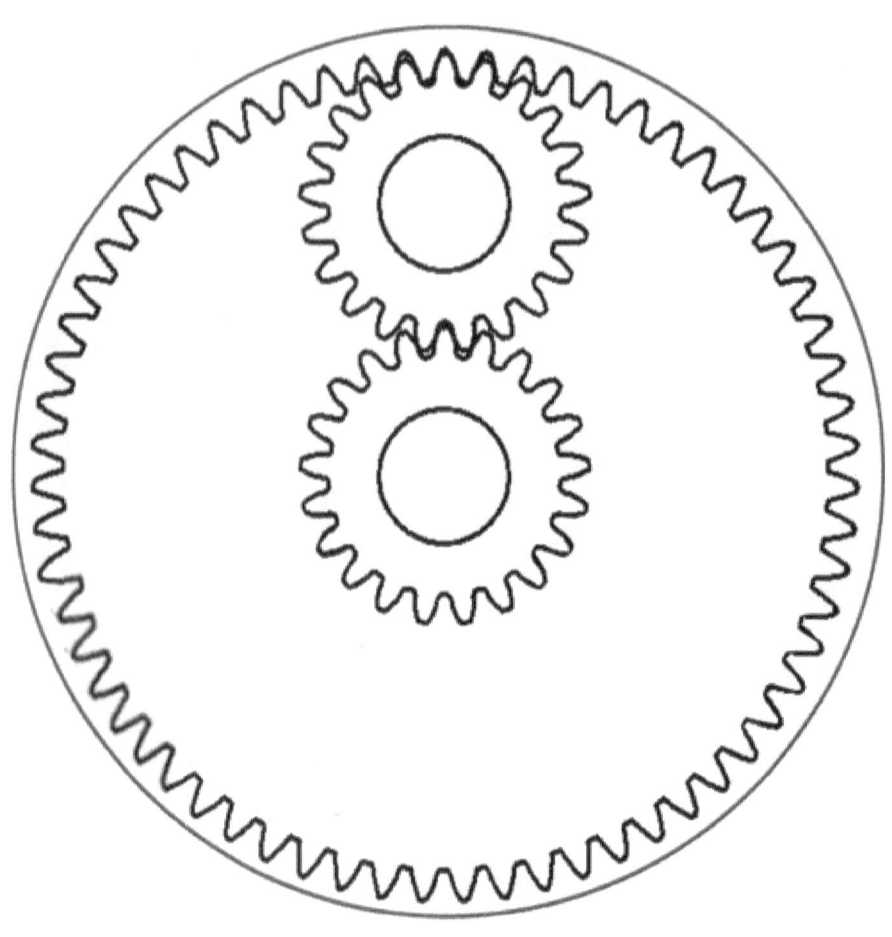

Zum leichteren Verständnis ist hier nur ein einziges Planetenrad übriggeblieben. Funktionieren würde es zwar, weil alle Planetenräder im Prinzip das Gleiche tun, aber in der Praxis gibt es deren drei bis sechs, immer unter dem Aspekt der Übertragung von viel Drehmoment. Es ist wohl immer noch zulässig, zu sagen, dass jedes nach klassischer Bauart konstruierte Automatikgetriebe Planeten oder besser Sätze von Planeten enthält.

Hier sind sie deutlich zu erkennen, vier Planetensätze, schräg verzahnt, mal zu dritt ganz links und zu viert rechts. Das hängt wohl hauptsächlich vom zu übertragenden Drehmoment ab, wie viele Planeten bei der Konstruktion vorgesehen werden. Links ist das Eingangsdrehmoment kleiner, rechts das Ausgangsdrehmoment größer. Man nimmt so wenig wie nötig, um natürlich Wirkungsgrad zu sparen. Weiterhin sehen Sie noch in diesem Fall aufgeschnittene Lamellenkupplungen.

Wenn man den Wandler oder ihn eventuell ersetzende Kupplung am Eingang oben links weglässt, dann besteht eine solche Automatik im Prinzip nur aus Planetensätzen und Kupplungen. Natürlich dürfen wir die heute teils hydraulische und teils elektronische Steuerung nicht vergessen, hier in einem Achtganggetriebe unter der Achse mit den Planetensätzen und Kupplungen untergebracht.

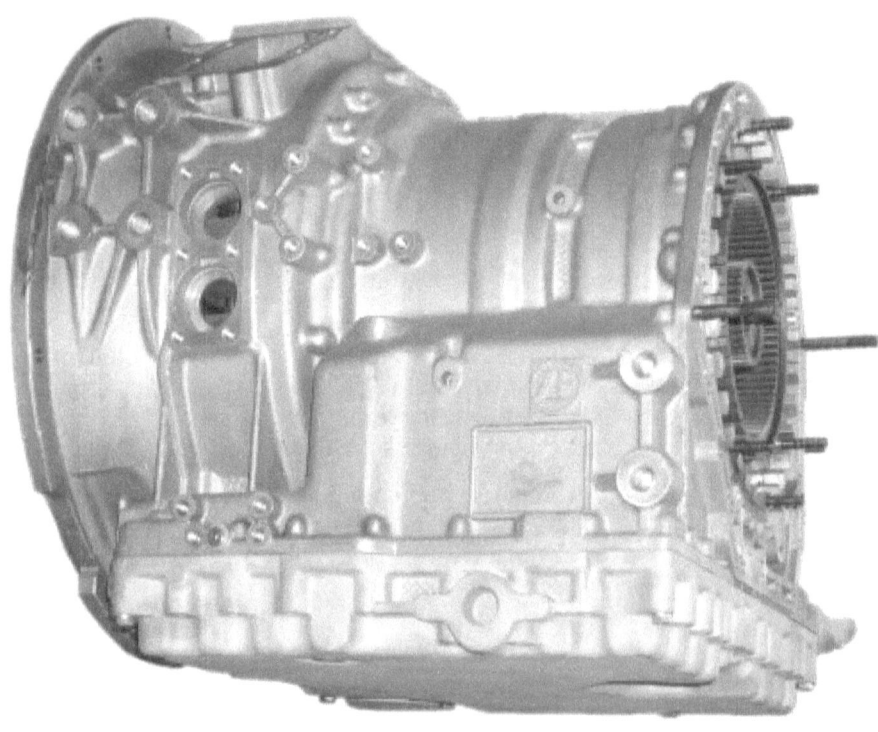

An diesem etwas älteren Automatikgetriebe für einen Stadtbus lässt sich die Zweiteilung und damit die grundsätzliche Form eines Automatikgetriebes besser erkennen. Während bei einem Standard- Handschaltgetriebe meist mindestens zwei Wellen neben- oder übereinander liegen und sich damit eine '8' ergibt, bleibt bei der Automatik alles um eine Welle gruppiert, so dass sich eine Kreisform ergäbe, würde die nicht durch den Kasten mit der Steuerung ergänzt.

Hier ist noch ein Öl-Kühlmittel-Wärmetauscher hinzugekommen, was einerseits die leichte Erkennung von Automatikgetrieben wieder etwas erschwert, aber uns andererseits schon einmal vorsorglich daran erinnert, dass in einem Automatikgetriebe viel mehr Wärme als in einem Handschaltgetriebe entstehen kann. Doch dazu mehr, wenn das Thema 'Drehmomentwandler' heißt.

Wir kehren zurück zu unserem eigentlichen Thema mit einem richtig tollen Gegensatz zum Bild eingangs dieses Kapitels. Hier ist der Raum richtig gut genutzt, was uns auch die enorme Kompaktheit von Planetensätzen vor Augen führt. Da fehlt jetzt nur noch das sogenannte Hohlrad mit der Innenverzahnung. Wir werden zeigen, dass man damit schon ein Zweiganggetriebe mit Rückwärtsgang realisieren kann, allerdings mit Übersetzungen, die nicht ganz unabhängig voneinander sind.

Wenn wir die Planetenräder durch einen sogenannten 'Planetenradträger' miteinander verbinden, haben wir es mit drei Teilen zu tun, dem Sonnenrad in der Mitte, dem Planetenradträger und dem Hohlrad außen. Im Unterschied zu einem gewöhnlichen Zahnradtrieb können wir also nicht nur ein Teil mit dem Antrieb und das andere mit dem Abtrieb verbinden, sondern müssen, um Drehmoment übertragen zu können, das verbleibende Teil festhalten.

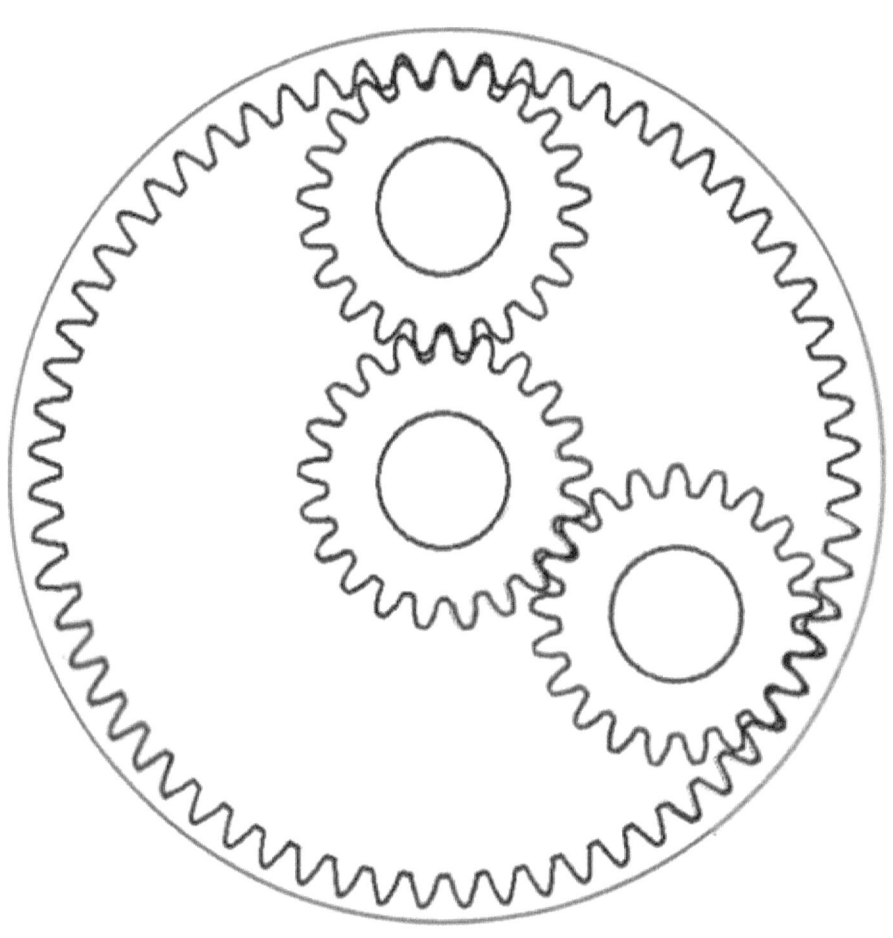

Nein, hier ist nicht etwa ein zweites Planetenrad hinzugekommen, sondern es soll bei festgehaltenem Hohlrad eine volle Linksdrehung des Planetenrades simuliert werden. Da es 21 Zähne hat, legt es exakt ein Drittel einer Umdrehung auf den 63 Zähnen des Hohlrades zurück. Das würde für einen mit der Abtriebswelle verbundenen Planetenradträger ebenfalls eine Drittel Umdrehung bedeuten. Die spannende Frage: Was ist mit dem Sonnenrad?

Dieses ist natürlich mit dem Motor bzw. der Kurbelwelle verbunden. Es hat in unserem Beispiel die gleiche Zähnezahl wie das Planetenrad. Das lässt sich leichter rechnen. Das funktioniert auch in der Praxis, aber man hat die Übersetzung von 1 : 1 dort nicht so gern, weil immer der gleiche Zahn auf die selbe Zahnlücke trifft. Ein Ausgleich von auch leichtem Verschleiß findet demnach nicht statt.

Egal, wir wollen ja das Prinzip verstehen. Wenn Sie sich das Bild noch einmal anschauen, können Sie zwei Antriebe für das Sonnenrad feststellen. Es muss gleichzeitig eine volle Umdrehung vollführen, weil es mit dem Planetenrad kämmt und zusätzlich noch eine Drittel, weil sich dessen Position verändert hat. Macht zusammen 1 1/3 Umdrehungen. Da passt die Drittel Umdrehung des Planetenträgers vier Mal rein: Übersetzung 4 : 1, nicht schlecht für einen ersten Gang.

In einer kurzen Verschnaufpause halten wir den Planetenradträger fest und setzen den Abtrieb um auf das Hohlrad. Sie ahnen schon, das wird der Rückwärtsgang. Dabei fungieren Planeten nur als Zwischenräder und zählen bei der Übersetzung nicht mit. Ergebnis: Bei drei Mal so vielen Zähnen des Hohlrades erhalten wir jetzt eine Übersetzung von 3 : 1, nicht ideal, aber gerade noch erträglich für einen Rückwärtsgang.

Einen Gang gibt es immer bei einem Automatikgetriebe, den direkten. Dazu bleibt die Verbindung des Sonnenrades zum Motor. Zusätzlich werden Planetenradträger und Hohlrad aneinader gekoppelt, egal wer von beiden mit dem Abtrieb verbunden ist. Das wäre bei 1 : 1 dann der größte Gang. Theoretisch könnte man noch das Sonnenrad festbremsen und den Planetenradträger mit dem Antrieb und das Hohlrad mit dem Abtrieb verbinden, was dann insgesamt ein Dreiganggetriebe mit Rückwärtsgang ergäbe.

Wird nicht gemacht, weil zu viele Kupplungen nötig wären und die ganze Sache komplizieren würden. Oben sehen Sie eins der ersten Automatikgetriebe überhaupt, genannt 'Power-Flite' von der Fa. Chrysler aus dem Jahr 1953. Die hat zumindest zwei Planetensätze, was als Mindestausstattung für Fahrzeug-Automatiken gelten kann. Hier ist der Aufwand zwischen dem Bedarf an Kupplungen und dem an Zahnrädern am ausgewogendsten.

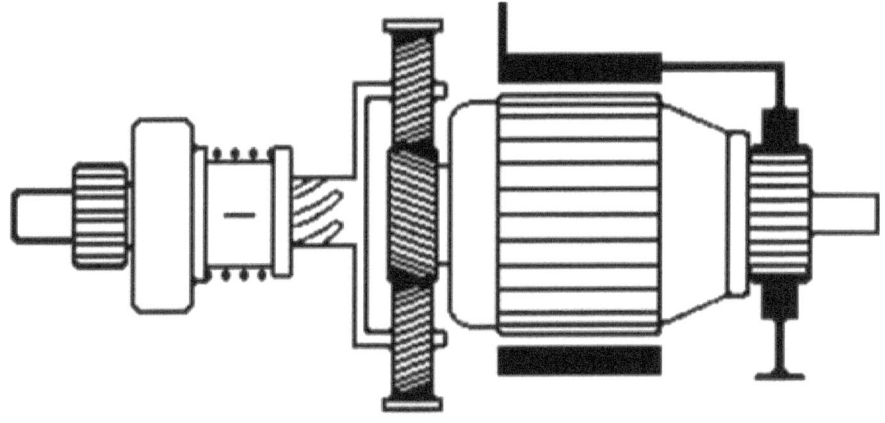

Planetengetriebe kommen auch ohne Kupplungen z.B. beim Anlasser vor.

▢||| Planeten 2

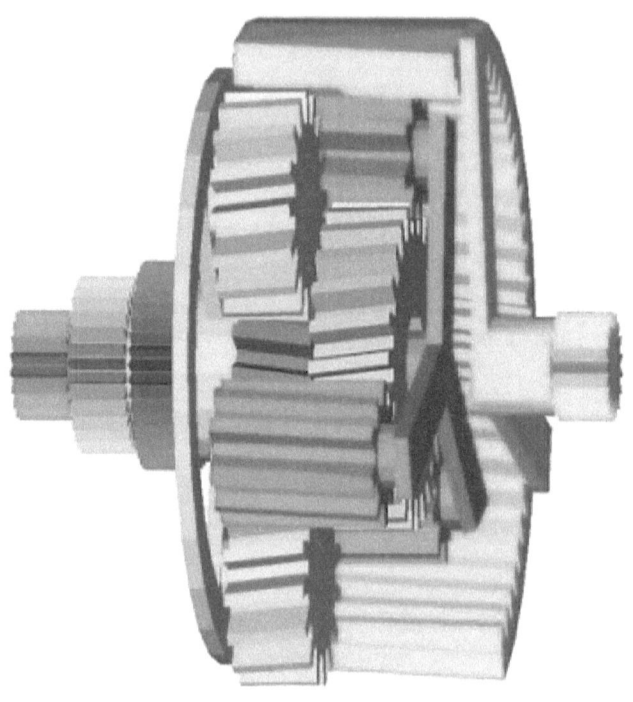

kfz-tech.de/PGt65

Die Kfz-Technik ist anscheinend nie zufrieden, bevor nicht ein Bauteil einen zufriedenstellenden Betrag an Komplexität erreicht hat. Das macht es für Lernende in diesem Fach nicht gerade einfach. Hier im Bild soll dieses Ineinandergreifen auch einmal räumlich dargestellt werden.

Am einfachsten ist es rechts. Dort greift die Abtriebswelle auf das allen gemeinsame Hohlrad. Unterhalb von diesem sind zwei Planetensätze nebeneinander angeordnet. Zusätzlich gibt es noch zwei Sonnenräder. Von den Wellenstümpfen links greifen der größte auf das linke und der mittlere auf das rechte Sonnenrad zu. Der kleinste Wellenstumpf ist mit dem die beiden Lagen verbindenden Planetensatz verbunden. Nur der linke greift in das Hohlrad.

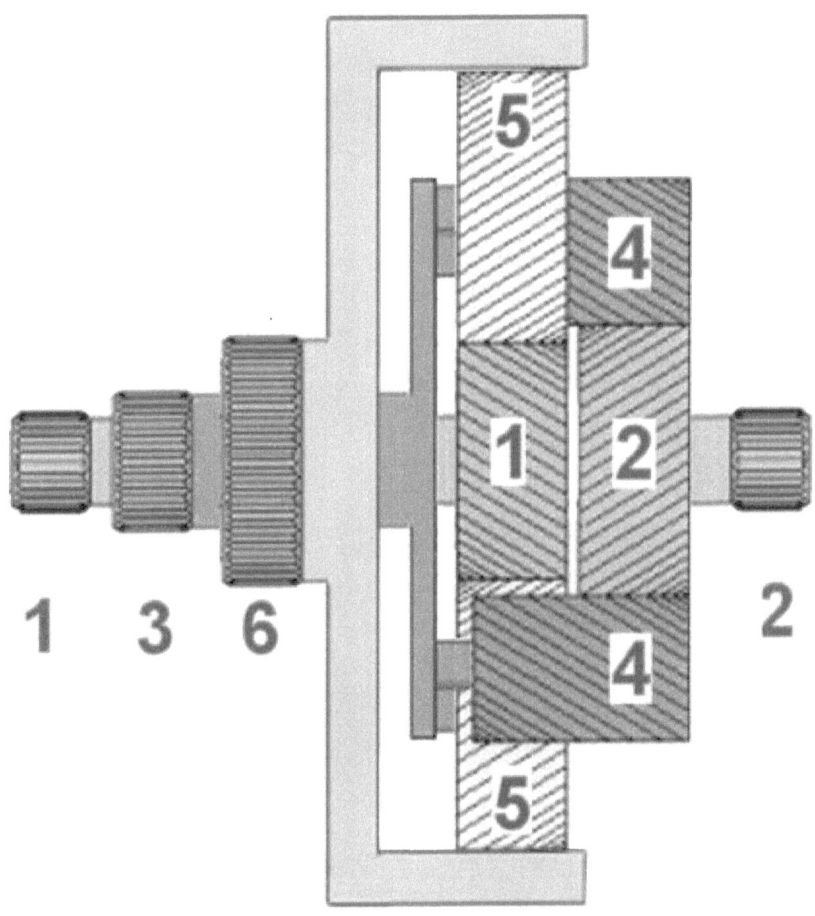

So, jetzt haben Sie das Schlimmste schon fast überstanden, nämlich die räumliche Vorstellung, wie so ein doppelter Planetensatz - komplett doppelt ist er eigentlich nie - aussehen könnte. Hier oben noch einmal eine etwas leichtere Übung. Hier ist die Abtriebswelle (2) mit dem rechten und die innere linke (1) mit dem linken Sonnenrad verbunden. 1 kämmt mit 5 und 5 mit 6. Über 4 ist dann 5 auch noch an 2 gekoppelt.

Je nach Anordnung bzw. Unvollständigkeit unterscheidet man Ravigneaux-, Simpson- und Wilsonsätze, aber das tun wir hier nicht. Auch die Bezeichnung ganzer Getriebesätze z.B. mit dem Namen 'Lepelletier' verfolgen wir hier nicht weiter. Zum Verständnis einer Automatik sind sie eigentlich nicht nötig und vermutlich auch leicht im Internet recherchierbar. Wir nehmen uns auch kein acht- oder zehngängiges Getriebe vor, sondern zum einfacheren Verständnis eins mit fünf Gängen.

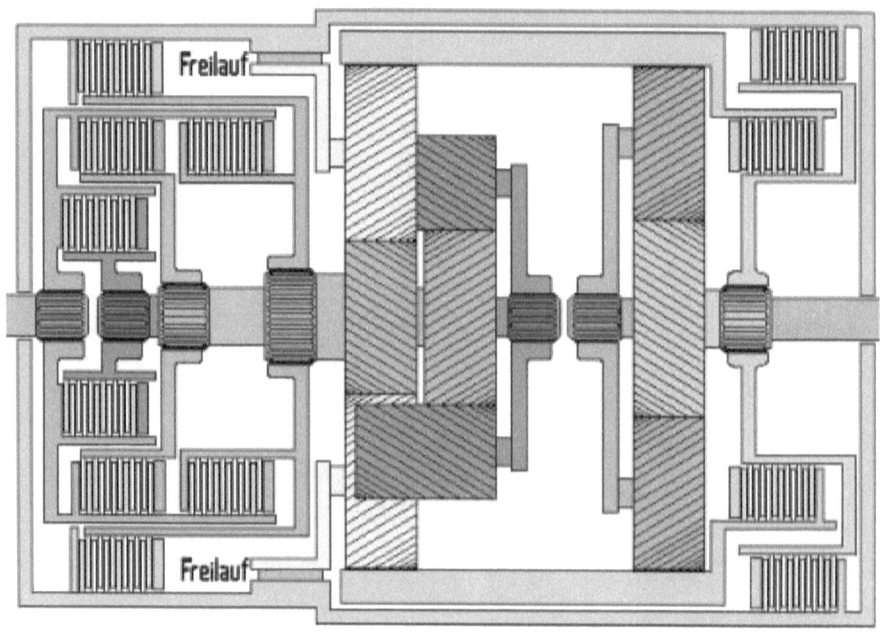

Hier haben wir so einen Prachtkerl. Er enthält mit je einem zusammengesetzten und einem einfachen Planetensatz gerade genug Komplexität, um auch Getriebe mit noch mehr Stufen verstehen zu können, ist aber unter diesem Gesichtspunkt an Einfachheit kaum zu überbieten. Fangen wir direkt an.

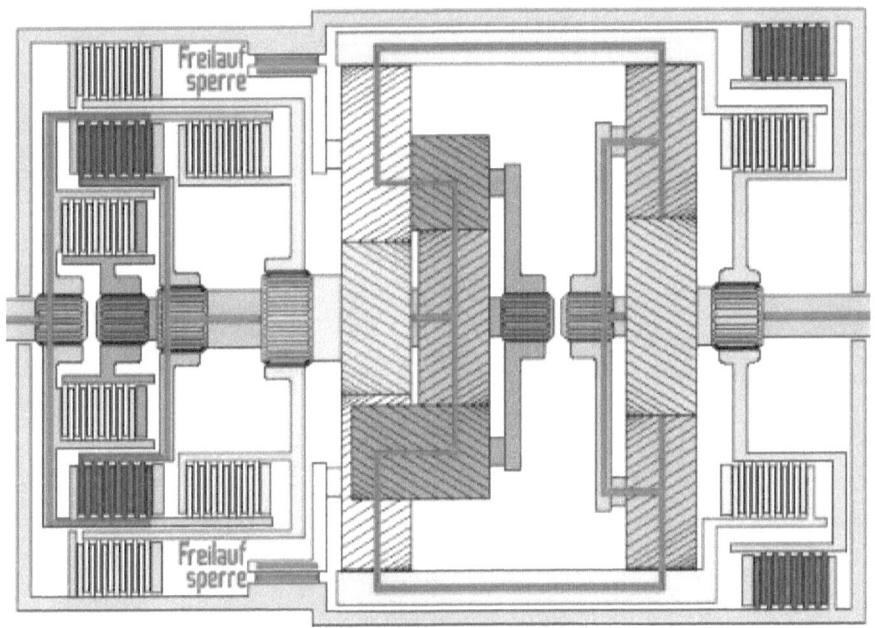

Links die Eingangswelle ist über eine geschlossene Kupplung mit der mittleren Welle und dadurch mit dem rechten Sonnenrad im kombinierten Planetensatz verbunden. Dieses treibt die Planetenräder an, zunächst betrachtet die über beide Ebenen greifenden und dann über die linken das Hohlrad nach rechts. Wichtig ist hierbei, dass sich keiner der beiden Planetenradträger bewegen kann.

Das kommt durch die sogenannte Freilaufsperre. Denn normalerweise würden sich beide Planetenradträger von links aus gesehen gegen den Uhrzeigersinn drehen wollen, weil das einfacher ist, als das Drehmoment auf das Hohlrad zu übertragen. Schließlich hängt der ganze Vortrieb des Fahrzeugs daran. Der Freilauf erlaubt aber nur eine Drehung im Uhrzeigersinn.

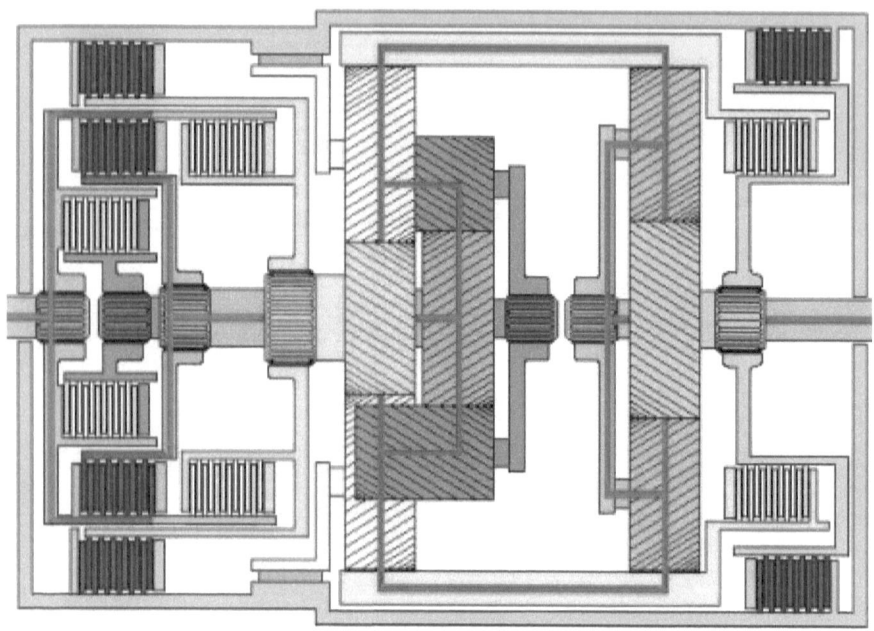

Achten Sie bitte durch Vergleich mit dem vorigen Bild auf die Kupplung, die jetzt hinzugekommen ist. Eigentlich ist das gar keine Kupplung, denn wir werden sie hier von einer Bremse unterscheiden. Eine Kupplung soll nach der Unterscheidung ein drehendes Teil mit einem anderen drehenden verbinden können, eine Bremse ein drehendes Teil mit dem Gehäuse. Genau das geschieht hier.

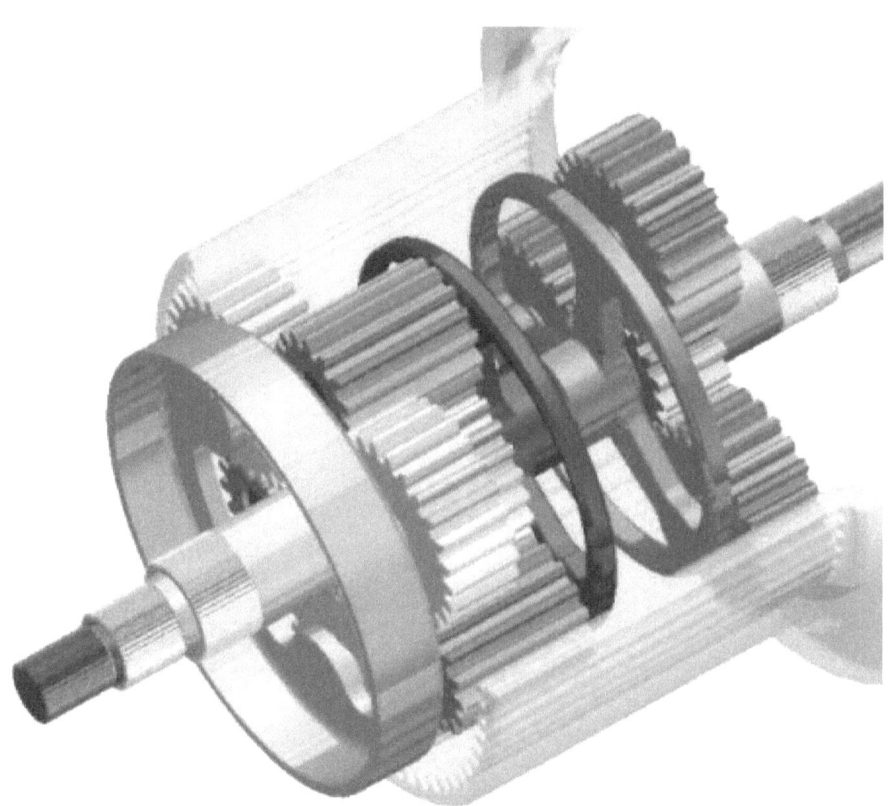

Das linke Sonnenrad wird also zusätzlich festgebremst. Dadurch müssen die linken Planetenräder auf ihm abrollen, werden also verschnellert, was den zweiten Gang ergibt. Und damit Sie den Bezug zur räumlichen Darstellung nicht verlieren, ist es oben noch einmal in dieser Form dargestellt. Es entspricht exakt dem Aufbau des bisher besprochenen Automatikgetriebes.

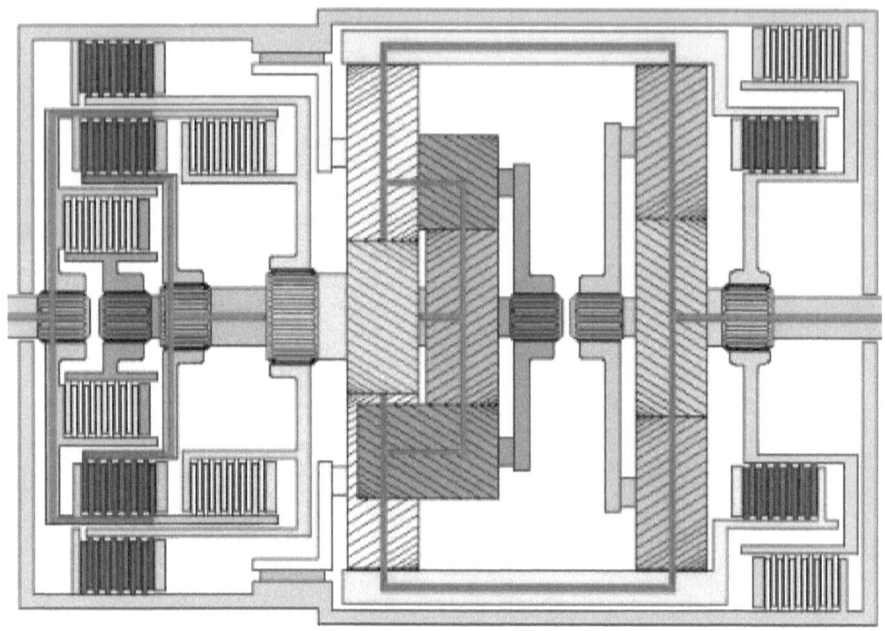

Diese Konstruktion hat den Charme, dass es schon ab dem dritten Gang unheimlich einfach zu verstehen ist. Gegenüber dem zweiten ändert sich nämlich nur rechts zur Abtriebswelle hin etwas. Statt der auch hier zu findenden Lamellenbremse ist jetzt die Kupplung aktiviert, die den Planetensatz als kompletten Block umlaufen lässt. Da der vorher leicht untersetzt war, wird jetzt eine etwas größere Geschwindigkeit erreicht.

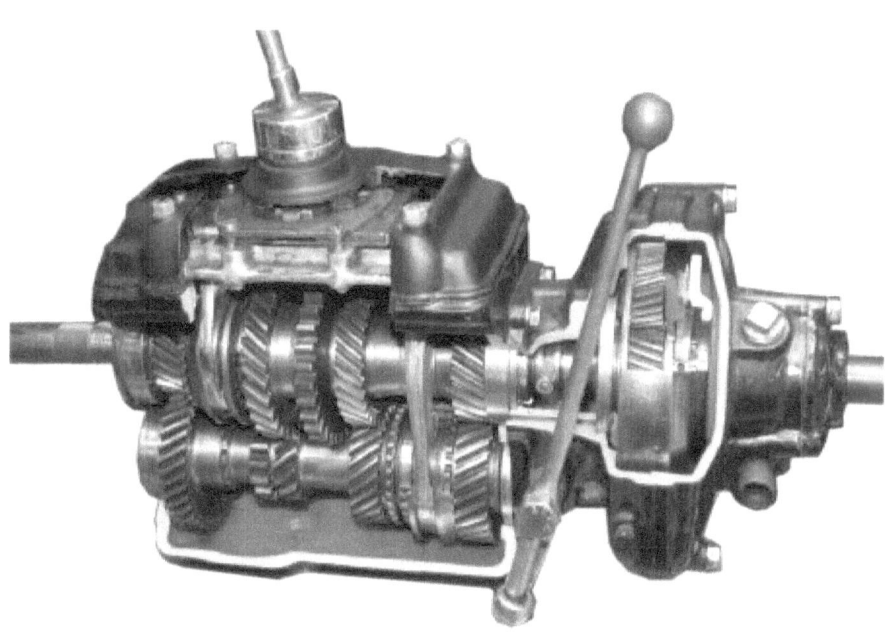

So einen nachgeschalteten Planetensatz gab es früher auch schon an Handschaltgetrieben, z.B. an englischen Sportwagen. Dort war wegen der höheren Besteuerung der Bohrung der Hub von Verbrennungsmotoren besonders groß, was ihre zulässige Höchstdrehzahl beschränkte. Also mehr aus Gründen der Dauerhaltbarkeit als des größeren Wirkungsgrades gab es diese Konstruktion, allerdings mit Klauenkupplung handgeschaltet.

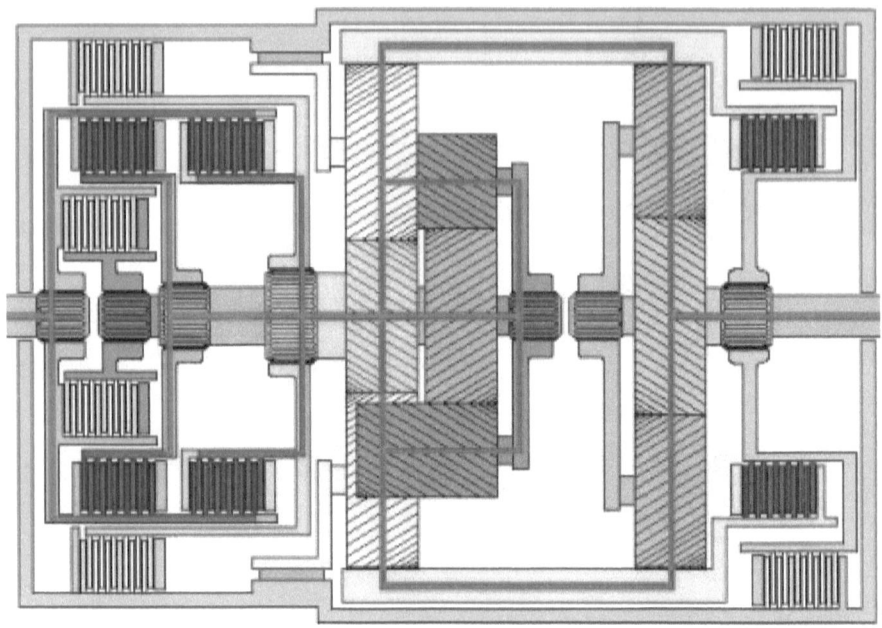

Das war ja fast schon zu erwarten. Jetzt läuft durch eine zusätzliche Kupplung links der linke Planetensatz ebenfalls als Block um. Das wäre dann der schon erwähnte direkte Gang, den jedes Planetengetriebe dieser grundsätzlichen Bauart sozusagen gratis liefert. Die eigentliche Anpassung der Motor- an die Antriebsachsendrehzahl leistet dann der Achsantrieb.

Man darf vermuten, dass dieses Getriebe ursprünglich für nur vier Gänge ausgelegt war und man irgendwann auf besonders einfache Weise eine Art zusätzlichen Schongang realisieren wollte, um den Spritkonsum auf der Autobahn ein wenig zu dämpfen. Ist bei einer Automatik ja besonders ratsam, weil diese Schaltstufe quasi von selbst eingelegt wird, also nicht 'vergessen' werden kann. Übrigens gab es das als angehängter fünfter Gang beim Handschaltgetriebe auch, wie das Bild oben zeigt.

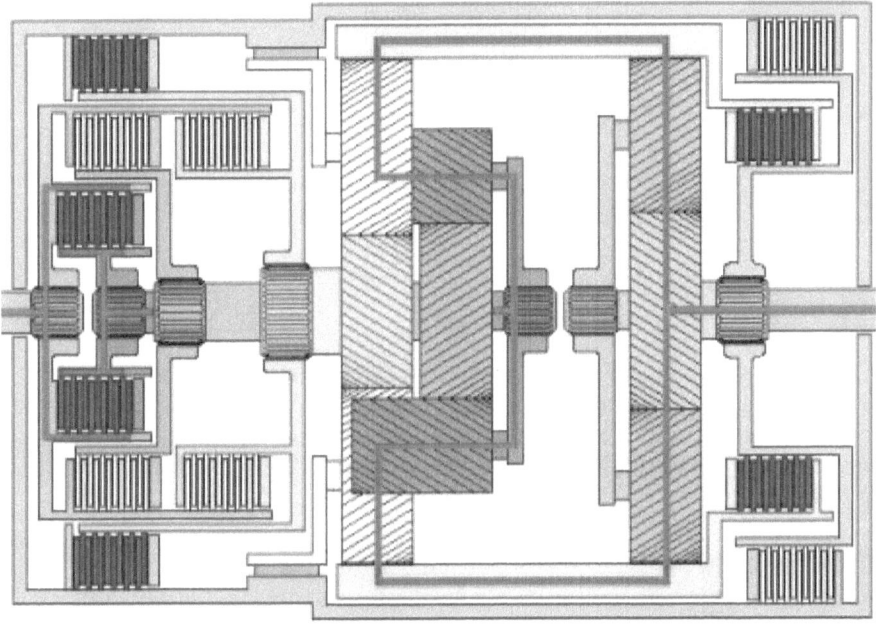

Eine Kupplung blieb bisher noch ungenutzt, das ist die kleine ganz links. Sie verbindet die Antriebswelle mit dem Planetenradträger rechts im kombinierten Planetensatz. Der bewegt den anderen Planetenradträger, dessen Planeten zusätzlich auf dem festgebremsten linken Sonnenrad abrollen und damit das Hohlrad zusätzlich verschnellern. Das Ergebnis ist ein Übersetzungsverhältnis unter 1.

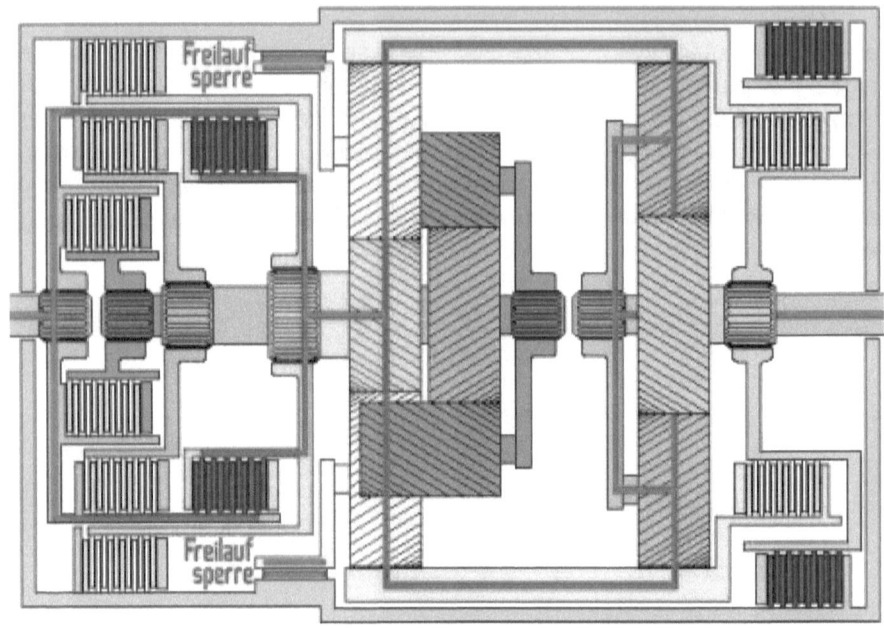

Beim Vergleich des Rückwärtsgangs mit dem ersten wird deutlich, dass wieder nur eine Kupplung umgesetzt wurde. Die gesamte Konstruktion ist also auf eine möglichst einfache Steuerung ausgelegt. Bei keinem Gangwechsel werden z.B. zwei Kupplungen gleichzeitig aktiviert, was u.a. die Vermeidung von Schaltrucken erleichtert.

Rückwärtsgänge werden, wie schon im vorigen Kapitel erläutert, dadurch realisiert, dass man die Antriebswelle mit dem Sonnenrad und die Abtriebswelle mit dem Hohlrad verbindet. Gleichzeitig muss man den Planetenradträger festbremsen, was in diesem Fall durch die Freilaufsperre geschieht. Der rechte Teil des kombinierten Planetensatzes ist nicht betroffen.

⌷⏸⏸⏸ Hydraulik

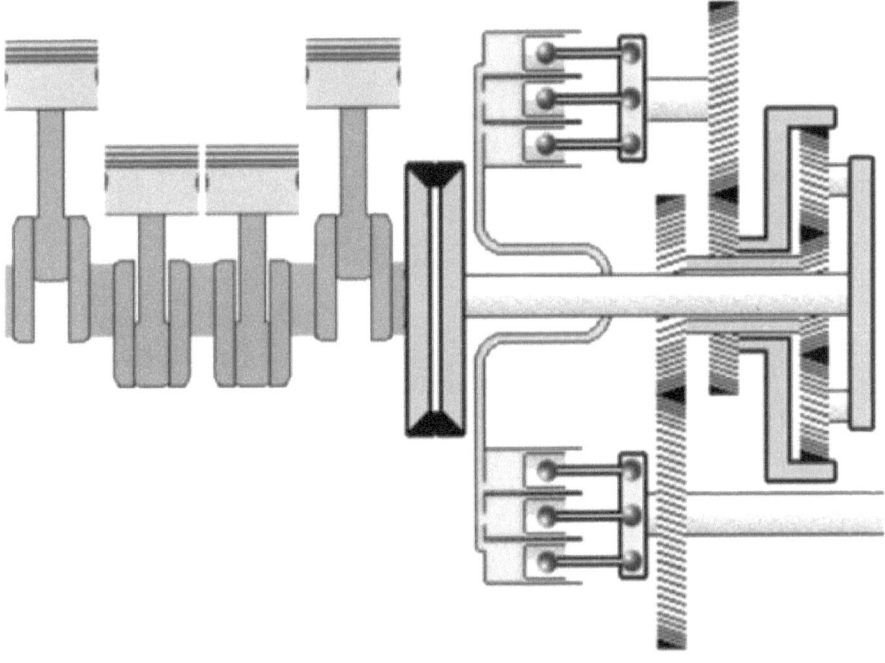

Die Landwirtschaft ist im Bereich des Autonomen Fahrens schon weit fortgeschritten. Sie ist begünstigt durch ein begrenztes Territorium, das genau vermessen sein kann und hat in aller Regel nicht mit Überraschungen nach Art von Fußgängern oder Gegenverkehr zu rechnen. So ist es also heute schon möglich, dass Maschinen minutiös Felder bearbeiten ohne eine/n Fahrer/in an Bord.

Warum erzählt man so etwas beim Thema Getriebe? Weil dazu natürlich eine passende Automatik gehört. Was ist besonders an einer Automatik in landwirtschaftlichen Maschinen? Dass diese ihre Arbeit oft in einem sehr kleinen, fein regulierbaren Geschwindigkeitsbereich tun müssen, wobei eine Art Leerlauf nicht genügt, weil z.T. große Lasten bei nicht immer idealen Fahrbahnbedingungen bewegt werden müssen.

kfz-tech.de/PGt54

Dem hier zu beschreibenden Getriebe stehen Hydrostaten zur Seite, die im Aufbau Ähnlichkeiten mit dem im Bild gezeigten Kompressor für die Klimaanlage haben. In einem Zylinder sind parallel zu dessen Drehachse rundum kleinere Zylinder mit Kolben angeordnet, die sich dann während einer Drehung des Zylinders von UT nach OT und zurück bewegen, wenn sie über Stangen und Kugelgelenke mit einer schräg stehenden, gleichfalls mitdrehenden Taumelscheibe verbunden sind.

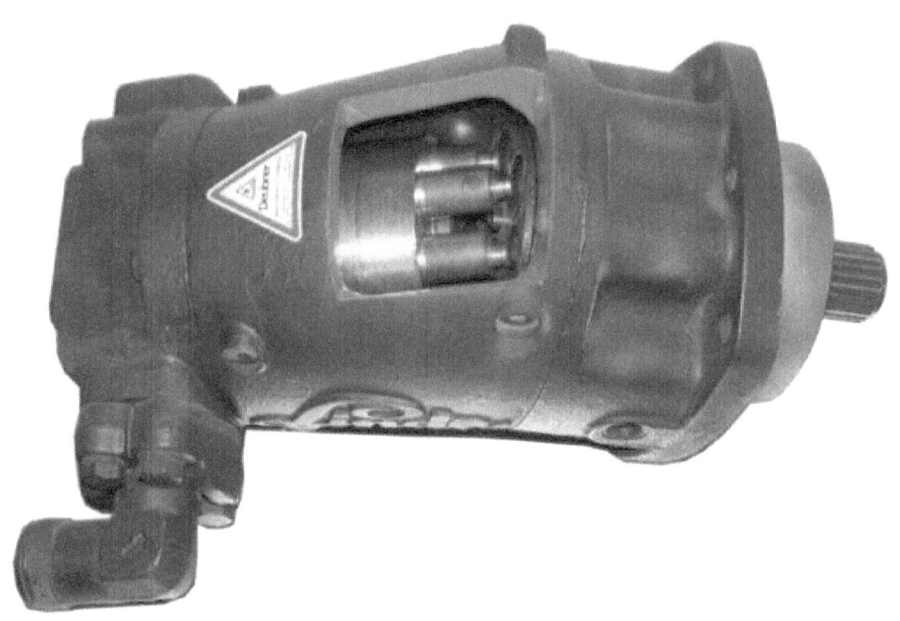

kfz-tech.de/PGt55

Hier eine Ausführung mit festem Winkel für die Taumelscheibe. Obwohl es sich um eine Pumpe handelt, könnte man diese trotzdem als Motor laufen lassen. Das funktioniert sogar mit Druckluft und ermöglicht eine grobe Funktionsprüfung ohne den ganzen Aufwand mit den Anschlüssen für Hydrauliköl.

So ein Aggregat kann also sowohl wie bei den beiden Beispielen oben als Pumpe oder als Motor arbeiten. Ganz oben sehen Sie zwar zwei gleich aussehende Aggregate, aber das obere arbeitet verbunden mit dem Dieselmotor als Pumpe und das untere mit dem Achsantrieb als Motor. Dessen Taumelscheibe ist daher fest mit der Abtriebswelle des Getriebes verbunden.

Eine Kupplung suchen Sie übrigens in der ganzen Konstruktion vergebens. Das etwas ungewöhnliche Gebilde am Ende der Kurbelwelle ist nur ein Tilger für Drehschwingungen. Ob Drehmoment übertragen wird entscheidet sich an der auch im Leerlauf angetriebenen hydraulischen Pumpe oben. So wie oben können sich zwar Zylinder und Taumelscheibe drehen, aber es ergibt sich kein Förderhub und damit auch kein Druck in den flexiblen Leitungen zum Motor unten.

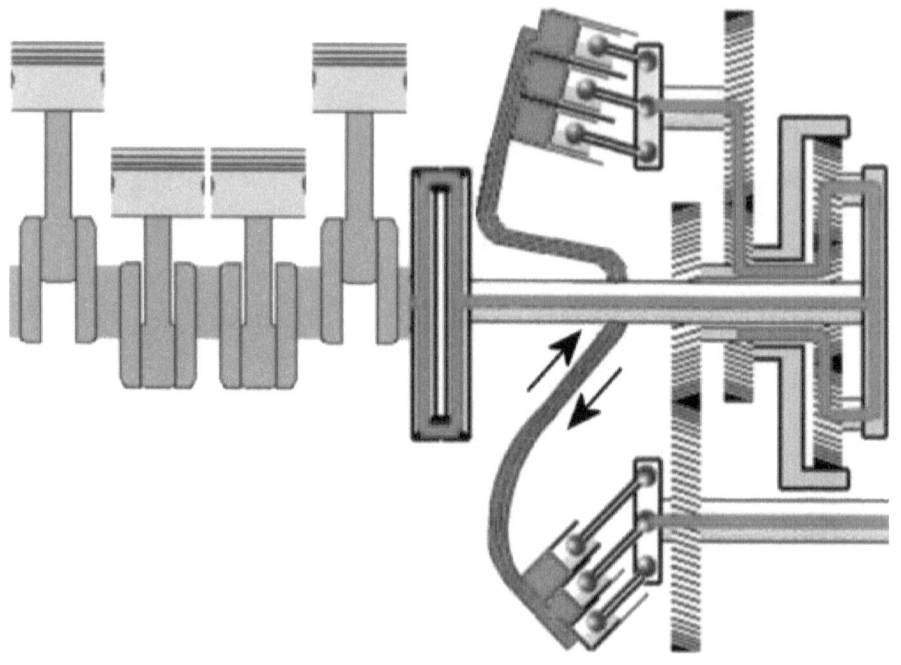

Wie man auf dem Bild sieht, muss die Pumpe erst geschwenkt werden, damit ein wirksamer Druck in einer der beiden hydraulischen Leitungen entsteht. Der Winkel der Pumpe bestimmt die Fördermenge und damit den Druck auf den Motor. Unten sehen Sie, dass die Pumpe in die andere Richtung geschwenkt ist. Der Druck in den beiden Hydraulikleitungen kehrt sich um. Damit wird dann stufenlos der Rückwärtsgang eingelegt.

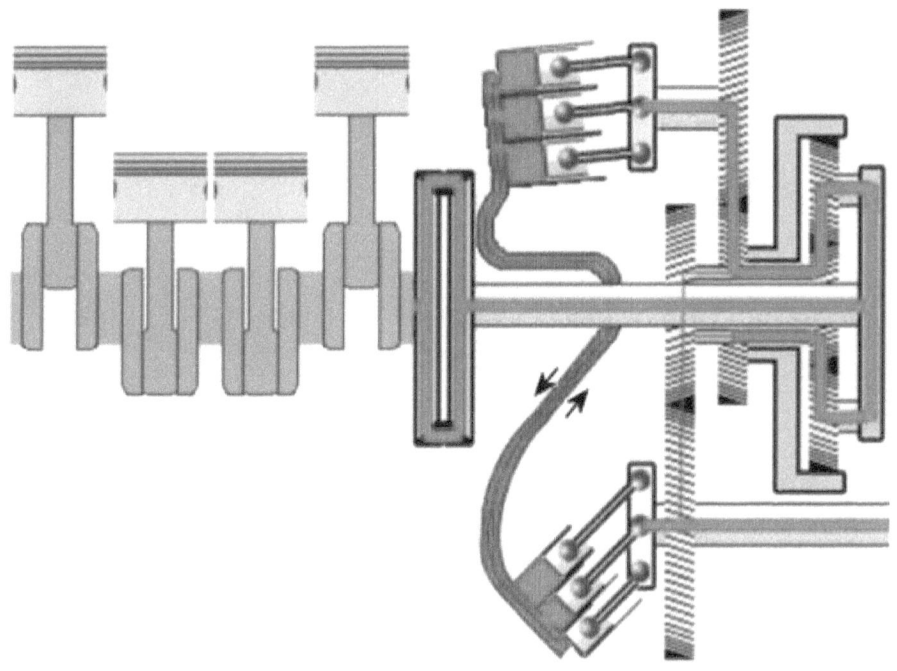

Wichtig ist, dass die Hydrostatik nicht allein das Drehmoment überträgt. Über das Planetengetriebe oben rechts findet vielmehr eine Verzweigung statt. Damit soll der gute Wirkungsgrad eines Zahnradgetriebes mit dem Schaltungs- und Anfahrkomfort der Hydraulik kombiniert werden. Je größer die übertragene Drehzahl und damit die Fließgeschwindigkeit und Widerstände wären, desto mehr übernehmen die Zahnräder die Kraftübertragung.

kfz-tech.de/YGt29

Hier eine andere Ausführung der Leistungsverzweigung. Der Hydromotor ist nicht mehr direkt mit der Abtriebswelle des Getriebes verbunden, sondern mit dem Hohlrad des Planetengetriebes. Die Pumpe schwenkt jetzt von der einen Seite zum Anfahren in die Mitte. Dabei geht die Drehzahl des Hydromotors so immer weiter gegen Null. Der Antrieb des Fahrzeugs erfolgt schließlich nur noch mechanisch.

Schwenkt die Pumpe weiter in die andere Richtung, addieren sich die Kräfte der beiden Verzweigungen. So kann bei maximalem Ausschwenken die größte Fahrgeschwindigkeit erreicht werden. Der Rückwärtsgang muss bei dieser Auslegung zusätzlich realisiert werden.

Hier noch zwei Weiterentwicklungen . . .

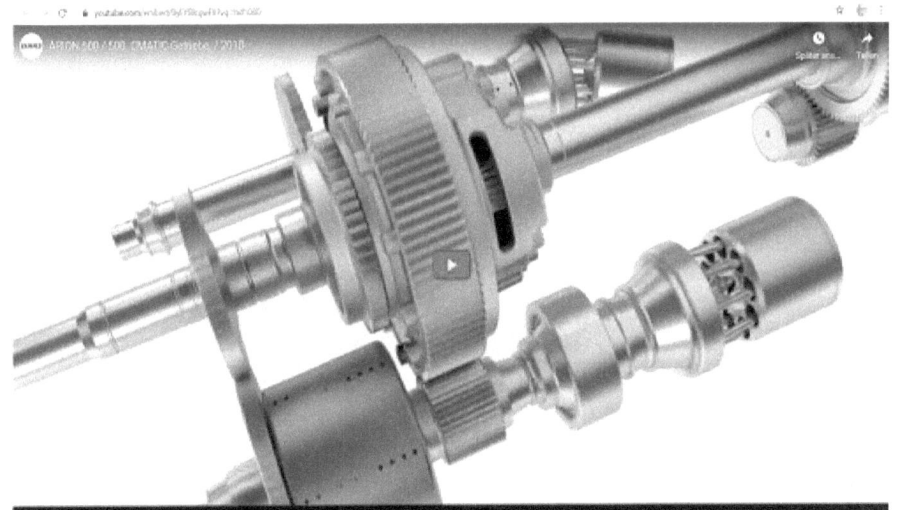

kfz-tech.de/YGt26

kfz-tech.de/YGt27

kfz-tech.de/YGt28

▢▮▮▮ Schubgliederband

kfz-tech.de/PGt56

Einen V-förmigen Riemen zwischen zwei oder mehr Keilriemenscheiben kennt man schon lange, spätestens seit es eine sogenannte Lichtmaschine und/oder eine Wasserpumpe gibt. Dass der zu den Scheiben hin regelmäßige Aussparungen hat und dann länger hält, hat sich erst später durchgesetzt. Da wurde dieser auch schon als Fahrzeugantrieb eingesetzt, deutlich breiter zwar, aber immerhin stark belastet.

Das merkte man auch, denn sein Wechsel war teuer und das übertragbare Drehmoment beschränkt. Die Lösung stellte sich ein, als man von Zug auf Schub umschaltete. Dazu noch alles aus Metall und in Öl laufend, war das sogenannte Schubgliederband geboren. Wir betrachten hier eine der ersten Versionen, die man sozusagen noch von Hand zusammensetzen kann.

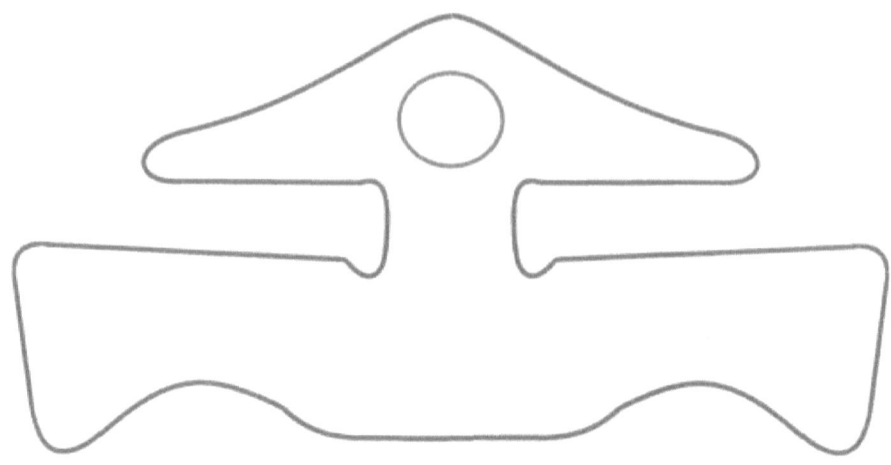

Das sind die Elemente aus Stahl, die zu Hunderten den Schub der Antriebs- auf die Abtriebsachse weiterleiten. Sie bilden hintereinander eine dichte Folge, müssen aber so viel Abstand voneinander haben, dass die Krümmung bei zwei ganz auseinandergeschobenen, kegelartigen Scheiben möglich ist. Die übertragbaren Drehmomente reichen z.B. bei Bosch von unter 150 bis über 400 Nm.

Danach richtet sich die Zahl der Bänder aus hochlegiertem Stahl, zwischen denen die Elemente eingehängt werden. Darauf exakt abgestimmt sind die oben sichtbaren Einschnitte links und rechts. Mehrere Bänder nimmt man, um die bei jeder Umdrehung geforderte Flexibilität zu erreichen. Je nach zu übertragendem Drehmoment sind also zwischen 6 und 12 Ringe auf jeder Seite ineinandergefügt.

kfz-tech.de/PGt57

So kann auch die Breite des Schubgliederbandes zwischen 24 und 30 mm schwanken. Aushalten müssen die Bänder auch noch gewisse Schwingungen, wenn bei der Rückkehr vom Abtriebsrad kein Drehmoment mehr übertragen wird und deshalb die Spannung ein wenig nachlässt. Vielleicht auch deshalb ist bei den einzelnen Elementen und damit auch beim gesamten Schubgliederband eine Einbaurichtung zu beachten.

kfz-tech.de/PGt58

Auf dem Bild sieht man, dass es kleiner Hilfsmittel bedarf, um ein ausgebautes Schubgliederband zusammenzuhalten. Ohne auch nur einen der zusammengesetzten Ringe droht das Ganze, auseinander zu fallen. Bestehen die Bänder z.B. aus je 12 Teilbändern, so kommen leicht insgesamt über 400 Einzelteile zusammen. Die Bänder sorgen also dafür, dass die Elemente, die den Schub übertragen, an ihrem Platz bleiben.

kfz-tech.de/PGt59

Das wäre jetzt eines der beiden Räder, in dem das Drehmoment entweder auf die Elemente oder von diesen übertragen wird. Der Winkel ist relativ steil, was vermutlich auch dem Platzbedarf geschuldet ist. Um so fester muss zugepackt werden. Von bis zu 700 bar Druck ist hier die Rede. Natürlich müssen die einzelnen Stahlelemente oben an ihren Seiten ebenfalls exakt diese Schräge haben.

Jeder der z.B. 12 Ringe ist übrigens etwa 2 Zehntel Millimeter dick, was insgesamt knapp 2,3 mm ausmacht. Die Dicke der schiebenden Elemente können Sie selbst schätzen, wenn Sie für die hier mehrfach abgebildeten Bänder jeweils etwa 400 Schubglieder annehmen. Die müssen an den Berührungsflächen mit den Kegelflächen eine definierte Rauheit aufweisen, sonst rutschen sie auf dem reichlich vorhandenen Getriebeöl aus.

kfz-tech.de/PGt60

Hier noch eine völlig andere Konstruktion, die nach dem Prinzip der Laschenkette beim Fahrrad wohl eher wieder von der Druck- zur Zugkraft zurückkehrt. Allerdings ist das Prinzip der Reibung beibehalten worden, in diesem Fall der an ihren Enden leicht angeschrägten Querstäbe mit den Kegelscheiben. Hier kommt noch ein regelbarer Druck hinzu, sollte die Elektronik ein Durchrutschen feststellen.

,

Deutsche Untertitel möglich . . .

kfz-tech.de/YGt30

Und noch eine Variation eines Schubgliederbands . . .

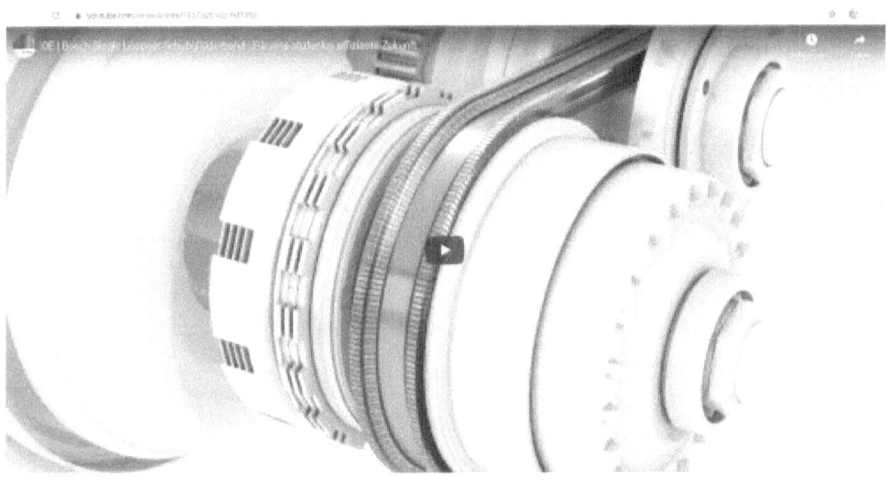

kfz-tech.de/YGt31

◻◼◼ Steuerung

Schönes Bild, oder? Man kann die einzelnen runden Schieber hinter der Gehäusewand erahnen. Wie sie die Ströme von Hydrauliköl erst in die eine und dann in die andere Richtung steuern. Natürlich ist es das falsche Wort. 'Regeln' gehört hierher, weil natürlich ständig rückgekoppelt wird, ob die gerade im Einsatz befindliche Übersetzung noch passt.

Kaum fassbar, dass dies früher einmal rein hydraulisch funktioniert hat, ohne Computer und die entsprechende Sensorik und Aktuatorik. Die Motordrehzahl mit einer Art Fliehkraftregler verbunden, der dann um von der Drehzahl abhängige Beträge dezimiert hat. Mit der Fahrgeschwindigkeit verhält es sich ebenso und wenn man beide geschickt (hydraulisch) vergleicht, kann man schon mal einen Gangwechsel auslösen.

Natürlich ist so nur eine Anzeige bzw. eine Warnleuchte für zu hohe Öltemperatur möglich. Etwa die Motorleistung in diesem Fall zurückzunehmen, das geht wohl nur mit Digitalelektronik. Aber schauen wir doch zunächst einmal, wie die Aktuatoren aussehen. Beginnen wir zur Vorbereitung beim Gehäuse (Bild unten).

Klar, schön rund, das hatten wir schon erwähnt. Hoffentlich können Sie die Nuten im hinteren Teil erkennen. Das ist schon die Vorbereitung von einer oder mehrerer Lamellenbremsen. Unten sehen Sie ähnliche Nuten in einem drehenden Topf, was dann im Zusammenbau eine Lamellenkupplung ergibt.

Zu den beiden Bildern oben passt das untere mit seinen Nuten nach außen und den zwei Arten von Scheiben. Die aus Stahl sind ziemlich in Unordnung, müssten erst einzeln in innere Nuten eines Topfes oder eines Gehäuses eingepasst werden. Die dazwischen sind aus einem auch bei Benetzung mit Öl Reibung erzeugenden Material, dass schon in die Nuten des hier abgebildeten Teils eingeführt ist.

Wichtig bei dem Scheibensatz ist, dass alle in axialer Richtung verschiebbar sind, also hier von links nach rechts und umgekehrt. Wenn man sie allerdings mit Öldruck und einem Ringkolben gegeneinanderpresst, erzeugt man eine Verbindung, egal für eine Lamellenkupplung oder -bremse.

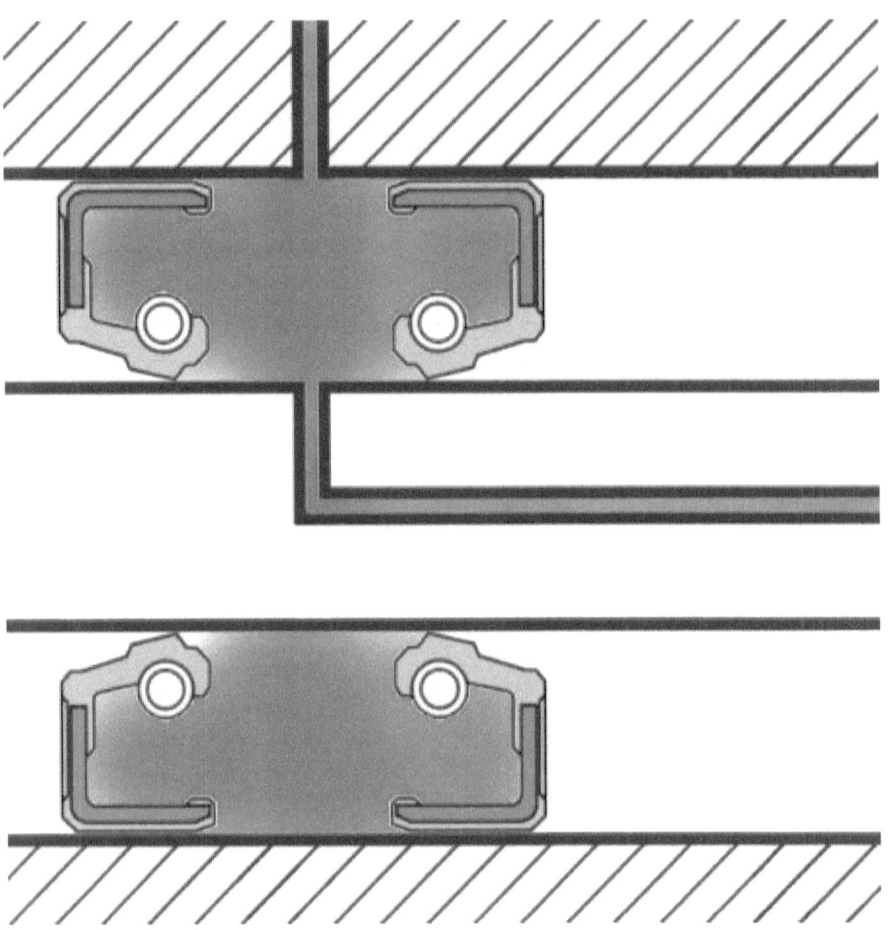

Jetzt ist allerdings die Erzeugung von Druck bzw. die Führung der Hydraulikleitung dazu bei Lamellen bremsen relativ einfach. Hin zu Kupplungen muss der Druck durch die Welle geführt werden. Auf dem Bild oben wird die Welle an der Verbindung zwischen der Leitung im Gehäuse und der in der Welle mit Simmerringen abgedichtet. Es wären aber auch O-Ringe möglich, die in Nuten laufen.

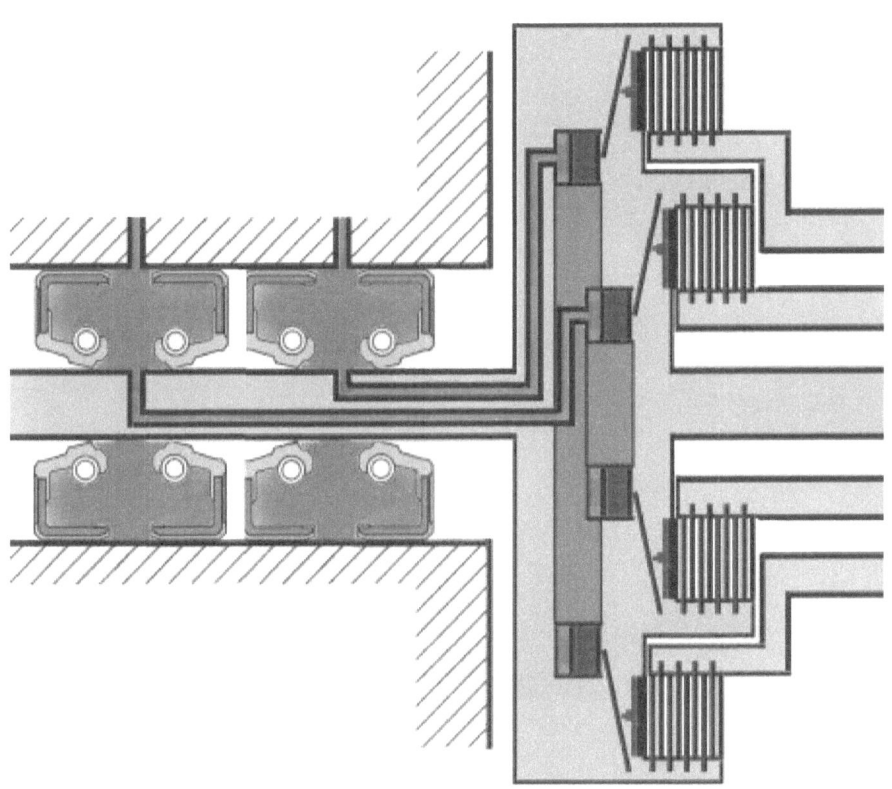

Das soll nur eine Prinzipskizze sein, die erklärt, wie zwei verschiedene Lamellenkupplungen durch entsprechende Leitungen unabhängig voneinander mit der Hilfe von Ringkolben betätigt werden können. Bei Druck bewirken die Ringkolben ein Zusammenpressen der Lamellenpakete. Die Schrägen zwischen Kolben und Lamellenpaketen sollen Tellerfedern darstellen.

Der Druck wird durch die oben gezeigte Pumpe erzeugt. Sie ist meist unmittelbar hinter dem Drehmomentwandler eingebaut. Eine Sichelpumpe eignet sich an dieser Stelle besonders, weil ihr außenverzahntes Rad einfach formschlüssig auf die durchgehende Antriebswelle geschoben wird. Bei Drehung im Uhrzeigersinn ist links unten von der Sichel die Saug- und rechts unten die Druckseite.

Eine Rotorpumpe ist natürlich auch möglich. Wenn Sie sich die Bilder von den beiden Pumpen etwas genauer anschauen, entdecken Sie in dem Labyrinth der Leitungen schon die ersten Ventile, die den Druck in bestimmte Richtungen lenken. Unten sind solche federbelasteten Schieber zu sehen, allerdings in stattlicher Größe von einer Bus-Automatik.

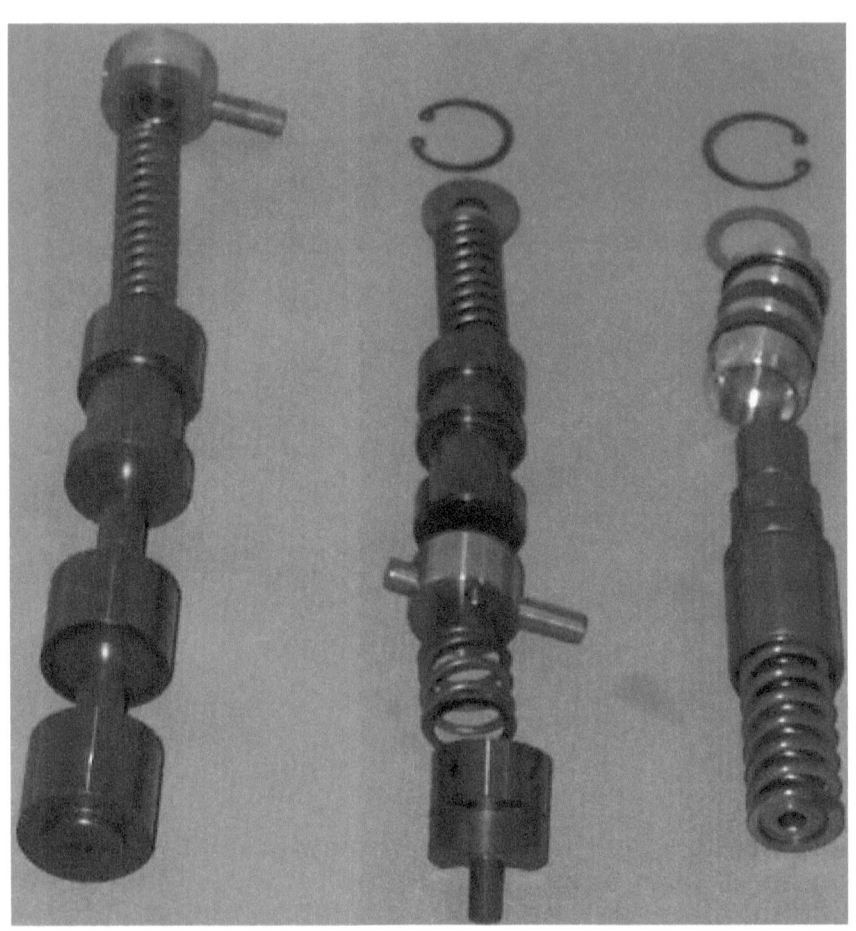

Die vielen Kupplungen begründen eine wichtige Eigenschaft von Automatikgetrieben, nämlich unter Last schaltbar zu sein. Das ist mit einem herkömmlichen Handschaltgetriebe nicht möglich. Hier wird muss immer die Last zurückgenommen werden, um konfliktfrei schalten zu können. Eine noch weitergehende Eigenschaft ist die von Doppelkupplungsgetrieben, unter Beibehaltung der vollen Zugkraft schalten zu können.

▭▥ Automatikgetriebe

kfz-tech.de/PGt66

Dass es mindestens vier Arten von Getrieben gibt und drei davon automatische sind, dürfte nach Lektüre dieser Seiten hinreichend bekannt sein. Fein ist also die Unterscheidung zwischen stufenlosen und Direct Shift Gears oder auch 'Doppelkupplungsgetrieben', von VW als erstem Hersteller 2003. Bei bis zu sieben Gängen (Bild unten) bisher gibt es Gangwechsel ohne Zugkraftunterbrechung. Angekündigt sind bis zu 10 Gänge.

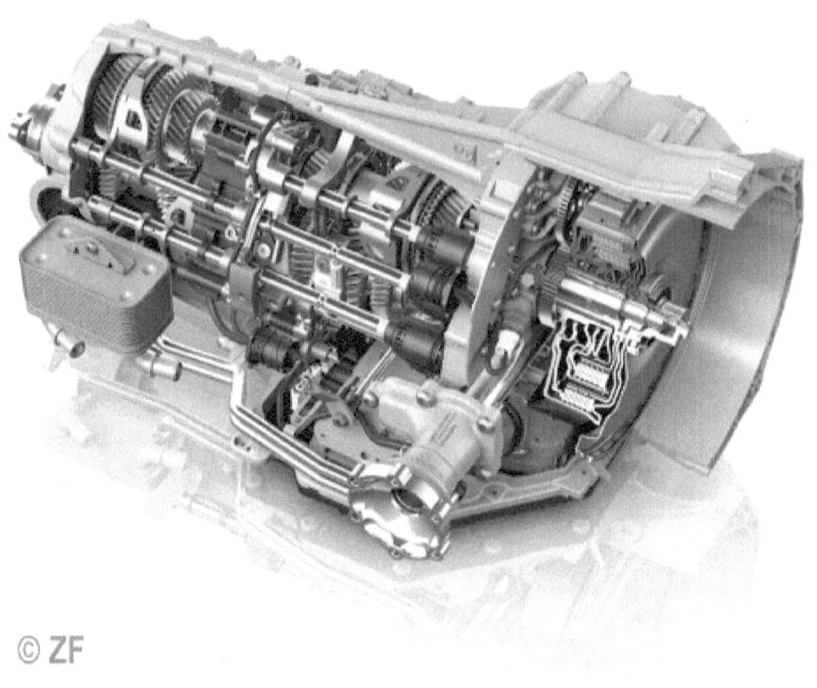

© ZF

kfz-tech.de/PGt67

Wir aber wollen uns mit der Weiterentwicklung der klassischen Stufenautomatik beschäftigen. Sofern Sie noch einen Wandler hat, verfügt diese in der Regel über eine Wandlerkupplung mit einem oder sogar zwei Torsionsdämpfern. Noch zwei Stufen mehr als bei DSG sind momentan möglich (Bild unten).

kfz-tech.de/PGt68

Im Schaltkomfort ist diese Stufenautomatik dem DSG überlegen, das wiederum beim Verbrauch dominiert. Bei den Verbrauchstests sind die Unterschiede zum Schaltgetriebe nicht mehr signifikant, allerdings dürfen Automatiken beim Test schalten wie sie wollen, während die Schaltpunkte beim Schaltgetriebe für alle Motoren gleich vorgeschrieben sind. So schneiden besonders hubraumstarke Motoren, die bevorzugten Partner von gestuften Automatiken, gegenüber den kleineren relativ schlechter ab.

kfz-tech.de/PGt69

So ist der gestufte Automat inzwischen eher den höheren Fahrzeugklassen vorbehalten, ist er im Aufpreis doch etwa doppelt so teuer wie DSG. Mithalten kann er hinsichtlich der Schnelligkeit des Gangwechsels, wenn der Drehmomentwandler vollständig durch eine Lamellenkupplung ersetzt wird. Das schafft dann auch Platz für einen elektrischen Zusatzantrieb (Hybrid - Bild unten).

Die Konkurrenz bezüglich des Verbrauchs wird inzwischen gegenüber dem DSG durch mehr Gänge mit einer bisher beispiellosen Schongangauslegung angeheizt. Manche Limousinen der oberen Mittelklasse oder darüber könnten im Rahmen ihrer Motordrehzahlen spielend weit über 400 km/h erreichen, wenn sie nur genügend Leistung hätten.

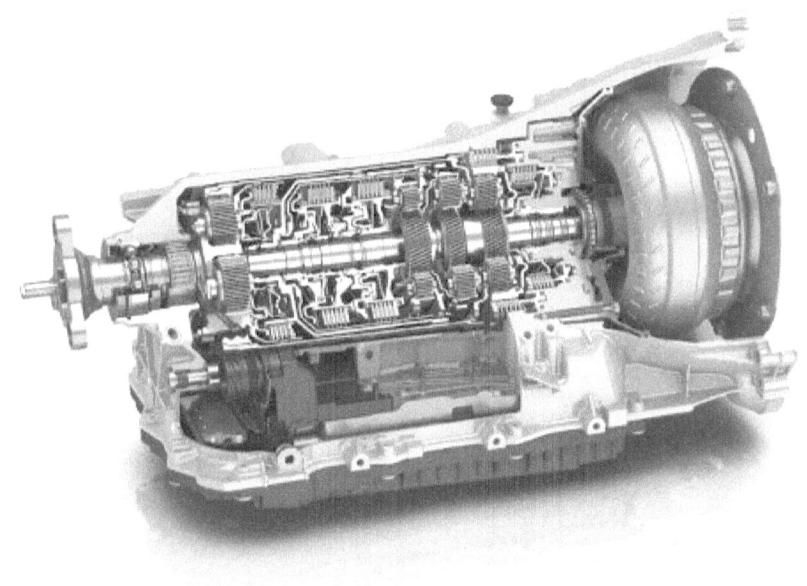

© ZF

kfz-tech.de/PGt70

Womit wir bei einer besonderen Gattung wären, den Renn-Automatiken (8-Gang - Bild ganz oben). Also auch hier ein Wechsel hin zur Automatik, die allerdings ohne den schweren und Anfahrleistung schluckenden Wandler mit seinem Öl. Auch die dann übliche Kupplung mit Durchmessern bis 270 Millimeter und 2 bis 6 Reibflächen ist hier tabu. Stattdessen ähnelt die Kupplung der in der Formel 1, also klein, kompakt mit deutlich mehr Reibflächen.

ZF verspricht insgesamt bis zu 15 Prozent Gewichtsersparnis, z.B. auch durch eine Ölwanne aus Carbon. Überhaupt sind die Anforderungen an einen Renn-Automaten ziemlich unterschiedlich zu denen in der Serie. So fällt die Schongangauslegung komplett weg. Die acht Gänge verharren in einer engen Spreizung. Ein Schwingungstilger am Getriebeeingang dämpft motorische Unebenheiten.

kfz-tech.de/YGt32

◨◧ Elektrifizierung

kfz-tech.de/PGt61

Wussten Sie eigentlich schon, dass der Begriff 'Hybrid' zwar auf zwei Herzen in einer Brust zielt, diese aber in der Praxis kaum räumlich vereint trotzdem in hohem Maße harmonieren müssen? Klar, wenn der E- Motor entscheidend bei der Realisierung eines Allradantriebs hilft, dann ist sein Platz an der Hinterachse. Und wenn er vorne sowohl als Generator als auch als Riementrieb-Motor arbeitet, sind natürlich beide Motoren innig vereint.

Aber das sind Spezialfälle. Wir wollen der Frage nachgehen, wo sich dieser zusätzliche Antrieb bei echtem Hybrid- und reinem Zweiradantrieb befindet, der nicht vor lauter Schwäche kaum bemerkt wird. Die Antwort 'Getriebe' ist schon nicht schlecht, müsste allerdings um den Zusatz 'Automatik' erweitert werden. In der Tat hat z.B. die Firma ZF schon sehr frühzeitig begriffen, dass sie gemeint sein könnte, wenn es heißt, die Elektrifizierung des herkömmlichen Antriebs voranzutreiben.

Dass wir mit 'Automatik' auch das Doppelkupplungsgetriebe meinen, offenbart schon das Bild oben. Wir konzentrieren uns aber hier nur auf den nicht gerade kleinen E-Motor ganz links. In diesem Fall ist klar, der ist zusätzlich am Platz, hat also das Getriebe ein Stück nach hinten verschoben, was bei einem Frontmotor längs mit Hinterradantrieb kein solches Problem darstellt. Man muss nur den entsprechenden Bauraum schaffen und die Kardanwelle ein wenig kürzen.

Wie ist das eigentlich bei einem Quermotor? Da wäre so ein länger bauendes Getriebe vielleicht nur schwierig unterzubringen. Sicher, man hat schon früh damit begonnen, für einen zusätzlichen E-Antrieb Platz zu schaffen, z.B. alle Motoren länger als VR6 wegzulassen, die es vorher sogar bis hin zum V8 durchaus gab. Auch der VR6 ist seltener geworden, sogar der VR5.

kfz-tech.de/PGt7

Hier ein früherer Versuch, das Automatikgetriebe um den Motor herum zu bauen, um ihm mehr Platz zu geben. Er hatte aber noch nichts mit Elektrifizierung zu tun, wurde auch nicht weiterverfolgt, vermutlich eine zu teure Lösung. Eigentlich auch nicht nötig, wenn mit vier Zylindern schon Leistungen bis über 294 kW (400 PS) und entsprechende Drehmomente möglich sind.

Wir können also schon einmal vorsichtig zusammenfassen, dass sich bei einem vollwertigen Hybridantrieb der E-Antrieb im Getriebe befindet, genauer gesagt in der (ehemaligen) Kupplungsglocke. Es sei denn, man realisiert mit ihm einen zusätzlichen Hinterradantrieb. Unten ein Allrad-Hybridgetriebe. Bei einem Doppelkupplungsgetriebe muss für den E-Motor extra Platz geschaffen werden.

kfz-tech.de/PGt62

Etwas einfacher ist die Situation, wenn man den E-Motor mit einer klassischen Automatik kombiniert. Dann kann man nämlich den Drehmomentwandler mitsamt seiner inzwischen Mehrscheiben-Überbrückungskupplung weglassen. Der wurde am Ende eh' nur noch zum Anfahren gebraucht. Das übernimmt jetzt der E-Motor.

© ZF

kfz-tech.de/PGt63

ZF bietet inzwischen sogar ein Baukastensystem an, das sogar 48V-Mildhybride einschließt. Das Maximum liegt bei 160 kW Peak- und 80 kW Dauerleistung. Die Elektronik ist vollständig integriert. Das oben gezeigte ist das erste Exemplar des neuen Systems. Es soll im Prinzip die gleichen Abmessungen wie die Vorgängerin als Achtgang-Automatik haben.

Man setzt also auf den Hybridantrieb, glaubt nicht an den raschen Ersatz des Verbrennungsmotors, meint durch Umschalten auf E-Antrieb in der Stadt die Abgasprobleme lösen zu können. Wir werden sehen, wie sich die Situation darstellt, wenn dereinst die Subventionen auslaufen. Für die Zulieferer ist es fast ein Kampf auf Leben und Tod, nicht nur mit anderen Zulieferern, sondern auch mit den Herstellern.

Einfach zu überlegen, was überhaupt noch zu produzieren übrig bleibt, wenn es nur noch reine E-Autos geben sollte. Dann entfällt Vieles von dem, was die Unterschiede zwischen den Marken ausmacht. Sollte es dann z.B. noch bezahlbare sportliche Modelle geben, dann müssten die wohl vorher neu definiert und Kundeninteresse dafür generiert werden.

Wenn Sie nach einem Grund suchen, warum sich die Hersteller auf alle möglichen Arten und Weisen um unsere Mobilität kümmern und über dieses Thema noch erheblich hinausgehen, hier haben Sie welche. Es geht um neue Geschäftsfelder, weil die alten langfristig kleiner werden. Und da will jeder möglichst früh die Nase vorn haben.

▢❙❙❙ eDrive

kfz-tech.de/PGt64

Natürlich hat auch ein rein elektrisch angetriebenes Fahrzeug ein Getriebe, eigentlich braucht es sogar noch eher eins als der Verbrenner. Warum? Weil die Drehzahl des Elektroantriebs wesentlich höher ist. VW gibt z.B. in einem Fall 12.000/min an. Da bei beiden Antriebsarten die Drehzahl der Antriebsräder gleich sein muss, ist hier also eine zusätzliche Übersetzung ins Langsame (größer 1) nötig. Wird diese durch schrägverzahnte Stirnräder ausgeführt, wie oben dargestellt, dann sind also zwei Zahnradpaare nötig.

Rechts ist der Wellenstumpf zu sehen, der in die Motorwelle gesteckt wird. Man sieht es an der Verzahnung, die der einer normalen Getriebe-Eingangswelle ähnelt. Die überträgt ihr Drehmoment nach links auf die mittlere Welle. Aus Platzgründen ist hier noch das Übersetzungsverhältnis relativ gering. Dann geht es weiter zu dem sehr großen Stirnrad dahinter. Multipliziert man beide Übersetzungsverhältnisse, erhält man das Gesamtverhältnis.

Wenn wir für das Rad vereinfacht 2 m Abrollumfang annehmen und für den Wagen maximal 160 km/h, dann dreht es sich bei dieser Geschwindigkeit 160.000 durch 2 gleich 80.000 Mal pro Stunde, geteilt durch 60 ergibt 1.333/min. 12.000 geteilt durch 1.333 ergibt 9. Bei gleicher Aufteilung wären beide Übersetzungsverhältnisse 3 : 1. Hier nehmen wir einmal 2,5 für das erste und 3,6 für das zweite an.

Das Rad hinten links ist natürlich so groß, weil es das Ausgleichsgetriebe beherbergt. Also hier keine große Änderung zum Achsantrieb des Fahrzeugs mit Verbrennungsmotor. Allerdings sind die Zahnbreiten schon ein wenig auffällig. Sie deuten auf das deutlich größere Drehmoment, das E-Motoren gewöhnlich entwickeln. Geschmiert werden könnte dieses Getriebe mit einer Füllung auf Lebensdauer. Läuft diese allerdings zur Kühlung auch noch durch Motor und Ölkühler, dann braucht das E-Auto sogar einen regelmäßigen Ölwechsel, allerdings mit längeren Intervallen.

Werfen Sie noch einen letzten Blick auf dieses Getriebe und bemerken Sie, dass es im Prinzip aus drei Wellen besteht. Das lässt sich noch ein wenig vereinfachen, wie das zweite Bild zeigt. Hier müssen Sie ein wenig umdenken, denn der Kraftfluss beginnt hinten rechts an dem kleinen, kaum sichtbaren Zahnrad. Man kann sich das so vorstellen, als sei der dort sichtbare Flansch mit dem Elektromotor verschraubt.

Jetzt wird es einfacher. Da wir auch hier wieder die Übersetzung ins Langsame brauchen, kämmt das kleine Rad hinten mit dem großen vorne rechts. Soweit wie gehabt, aber jetzt kommt der Unterschied. Denn das kleine Rad auf der Welle vorn kämmt mit einem weiteren großen wiederum auf der Welle hinten. Natürlich darf dieses nicht drehfest mit dem kleinen, vom E-Motor kommenden Rad verbunden sein.

Platz genug für das Differential oder Ausgleichsgetriebe ist vorhanden. Kompliziert wird es erst wieder, wenn man zwar nach links eine Antriebswelle drehfest einstecken kann, aber nicht nach links. Dieses Getriebe besteht also zwar nur aus zwei Wellen, aber die Welle des E-Motors muss hohlgebohrt sein. Tritt sie dann weiter rechts aus diesem heraus, erhält sie ihr Gelenk. In der Regel kann dann die gleiche Antriebswelle wie links verwendet werden.

Was so ein Getriebe noch braucht, sehen sie ganz vorn. Das ist der drehbare Teil einer Parksperre. Und da man oft in dieses Getriebe hinein eine Mechanik ähnlich der Automatik verwendet, muss man auch die anderen Funktionen weiter verteilen. Denn rückwärts geht es natürlich sehr vereinfacht durch Umkehrung der Motor-Drehrichtung. Vereinfacht gesagt könnte man für das Segeln ohne Rekuperation einfach nur den Strom abschalten. Aber nicht alle Elektromotoren eignen sich dafür. Manche versuchen dann doch, Strom zu produzieren und bremsen unnötig.

Und Porsche wäre nicht Porsche, würde es dort nicht ein besonderes Getriebe geben. Weil man sich ausgerechnet bei einem E-Auto Sorgen um zu wenig Beschleunigung macht, hat man ein Zweiganggetriebe entwickelt. Das ist dann im Prinzip schon fast ein ganz normales Schaltgetriebe, wie wir es vom Verbrenner kennen. Auch hier hat es eine automatische Schaltung ohne Doppelkupplung gegeben, allerdings beim Smart 1, und der ist wohl nicht vergleichbar.

 Multi-Mode

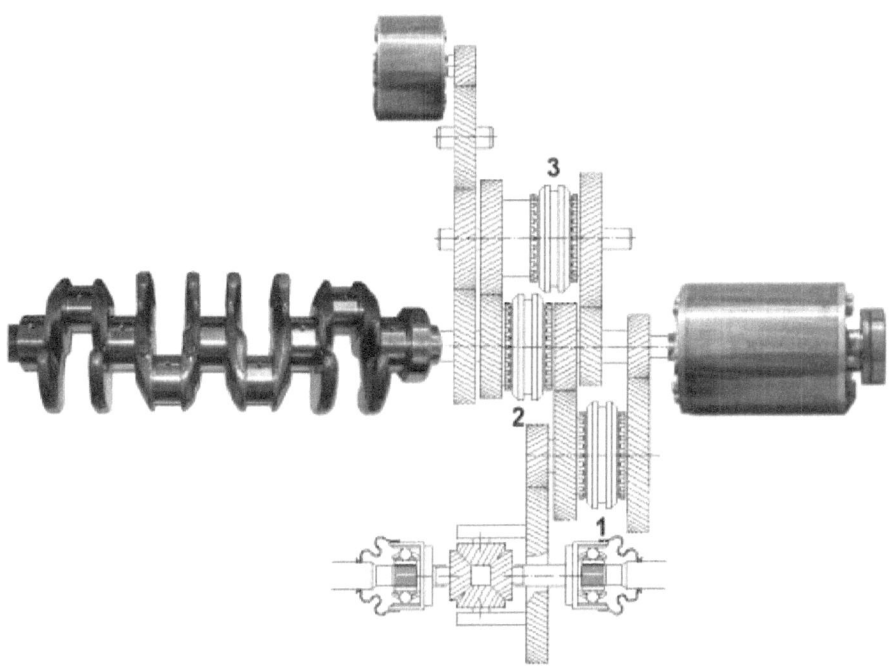

Eine Ingenieurleistung ist meiner Meinung nach immer dann besonders wertvoll, wenn sie, obwohl genial, trotzdem nicht aus dem Vollen schöpft, sondern mit dem auskommt, was schon vorhanden ist. Das ist offensichtlich hier der Fall. Das neue Getriebe wird von Renault zunächst im Clio als Hybrid und im Captur als PlugIn-Hybrid eingesetzt. Obwohl es noch weniger Bauteile als ein herkömmliches Schaltgetriebe hat, ersetzt es eine Automatik und erlaubt alle möglichen Kombinationen.

Wir haben also links die Kurbelwelle, die stellvertretend für jeden denkbaren Verbrennungsmotor steht, hier zunächst einmal für einen Vierzylinder-Saugmotor. Dauerhaft verbunden ist er statt per Riementrieb über zwei Stirnräder und einer zusätzlichen Untersetzung mit dem kleineren der beiden E-Motoren, die auch als Generatoren arbeiten können. Der zweite E-Motor ist zwar auf der gleichen Welle wie die Kurbelwelle angeordnet, aber nicht dauerhaft mit dem Verbrennungsmotor verbunden. Wird die Schaltmuffe 1 nach rechts verschoben, kann der Wagen mit dem zweiten E-Motor anfahren.

Die Fahrt könnte, genügend Batteriekapazität vorausgesetzt, im rein elektrischen Modus bleiben und es wäre durch Verschieben der Schaltmuffe 1 nach links sogar ein zweiter elektrischer Gang möglich. Soll irgendwann der Verbrenner zugeschaltet werden, dann wird der keineswegs, z.B. durch eine Kupplung mit einem Ruck verbunden, sondern der kleinere E-Motor ist in der Lage ihn auf jede nötige Drehzahl zu bringen, die für das geräusch- und ruckloses Schalten einer formschlüssigen Verbindung sorgt.

Es gibt als weder eine Kupplung, noch ist bei dieser Getriebeauslegung eine Synchronisation nötig. Der Verbrennungsmotor kann bei exakt passender Drehzahl durch Verschieben der Schaltmuffe 2 nach rechts mit dem bisherigen elektrischen Antrieb verbunden werden. Übrigens ist eine alleinige Verbindung des Verbrenners mit dem Antrieb ohne den großen E-Motor nicht möglich. Ob ein- oder ausgeschaltet, dieser E-Motor läuft immer mit.

Ebenso ist die Verbindung des Verbrennungsmotor mit dem kleinen E-Motor unauflöslich. Im Prinzip laufen also beide E-Motoren grundsätzlich mit, wenn der Verbrenner antreibt. Ob sich das auf den Wirkungsgrad auswirkt, ist schwierig zu beurteilen, immerhin können sie ja abgeschaltet sein. Allerdings kann, wie beim Losfahren, der Verbrennungsmotor zusammen mit dem kleineren E-Motor abgekoppelt werden, während der große Strom sammelt, also rekuperiert. Wird das auch noch abgestellt, ist Segeln möglich.

Kommen wir zu den restlichen Stellungen der Schaltmuffen. Ein weiterer Gang ergibt sich, wenn Schaltmuffe 2 in die Mitte zurückkehrt und Schaltmuffe 3 nach links geht, noch einer, wenn die 2 ganz nach links und die 3 ganz nach rechts geht. Man weiß zwar nicht, wozu das gut sein soll, aber es wäre sogar ein serieller Hybrid darstellbar, wenn nämlich während des elektrischen Fahrens der Verbrennungsmotor nicht zugeschaltet wird, sondern seinerseits den kleineren E-Motor antreiben würde.

kfz-tech.de/VGt1

▢❚❚❚ Lückentext

1. Handgeschaltete Getriebe können im Pkw bis zu ▢ Gänge haben.

2. Mit einem ▢ -Getriebe ist es möglich, immer ideal an der maximalen Zugkraftlinie zu bleiben.

3. Bei ganz alten Automatikgetrieben ist die Steuerung rein ▢ .

4. Sehr modern sind hingegen konventionelle Getriebe, die durch eine _____ und elektrische Gangbetätigung zu Automatiken geworden sind.

5. Getriebe, bei denen alle Gänge hintereinander liegen, werden auch als _____ bezeichnet.

6. Drehmomentwandler sind auch nicht mehr das, was sie einmal waren. Inzwischen haben sie fast alle eine _____, manche sogar mit mehr als einer Scheibe.

7. Auch der Elektromotor hat, meist anstelle von einem _____, Einzug ins klassische Automatikgetriebe gehalten.

8. Der oben abgebildete Antrieb kommt allerdings meist ergänzend zu einem _____ hinzu.

9. Das Übersetzungsverhältnis wird berechnet, indem man die Zähnezahl des _____ Rades durch die des _____ teilt.

10. Das H-Schema ergibt sich, weil beim Schalten von mehr als zwei Gängen die Schaltstangen _____ werden müssen.

11. Praktisch keine Übersetzung findet im Handschaltgetriebe im _____ oder _____ Gang statt.

12. Bagger mit Antriebsmotor im Drehteil verfügen meist über einen _____ Antrieb.

13. In einer hydraulischen Anlage wird der Schutz der Pumpe vor Überlastung von einem _____ gewährleistet.

14. Bei rein elektrischen Antrieben kommen in der Regel _____ Getriebe vor.

15. Allerdings ist das _____ so hoch, dass meist vier statt nur zwei Zahnräder nötig sind.

16. Der Rückwärtsgang liegt z.B. bei Fünfganggetrieben vorne links, könnte aber auch   angeordnet sein.

17. Ein Getriebe zwischen Motor und Kardanwelle verfügt über   Wellen, die des Rückwärtsgangs nicht mitgerechnet.

18. Bei einem Getriebe mit Quermotor ist das letzte Rad im Kraftfluss ein   .

19. Noch ganz selten, aber zunehmend, kommen Stirnräder auch bei   getrieben vor.

20. Wenn in sehr seltenen Fällen in einem Getriebe eine Hohlwelle verwendet wird, dann geht da meist eine   durch.

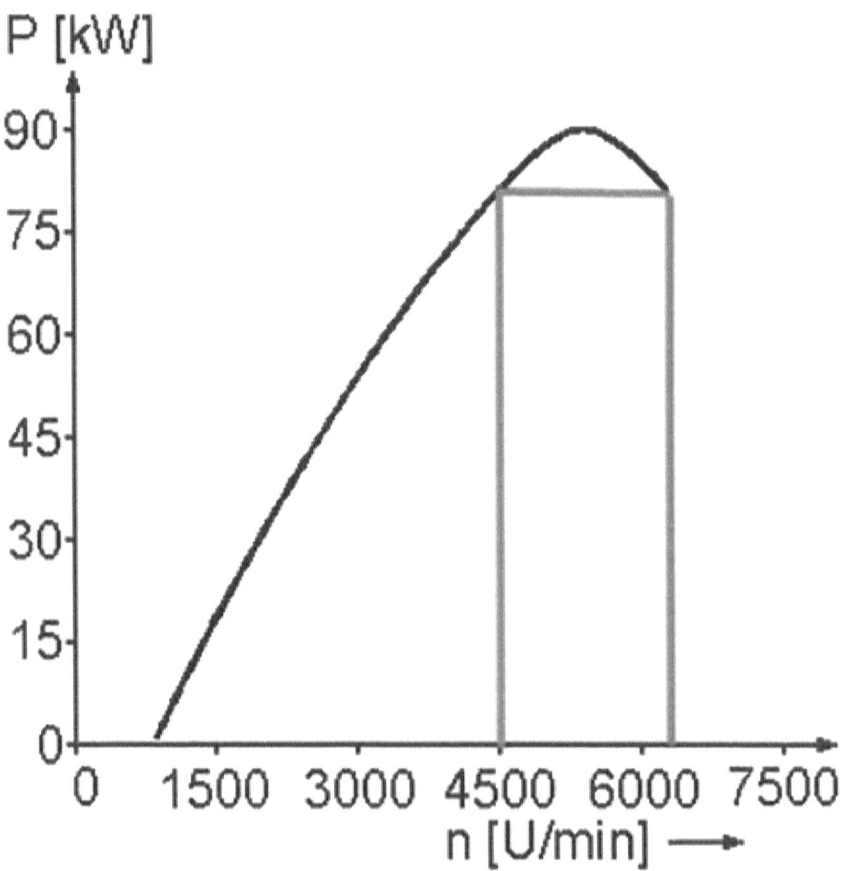

21. Das höchste Drehmoment wird meist bei einer _____ Motordrehzahl erreicht als die höchste Leistung.

22. Das Diagramm oben zeigt, bei welcher Drehzahl man _____ soll, um die maximale Leistung aus dem Motor herauszuholen.

23. Bei einem auf Schonung ausgelegten Getriebe ist die _____ in aller Regel höher.

24. Es ist nicht sichergestellt, dass man in wirklich jedem modernen Getriebe _____ findet.

25. Bei einer Halbautomatik entfällt auf jeden Fall das _____ .

26. Ganz moderne Betätigungen von Kupplungen können auch _____ gesteuert erfolgen.

27. Damit beim Direktschalt- oder Doppelkupplungsgetriebe eine Verbindung zwischen dem jeweiligen Kupplungsteil und den zughörigen Zahnradsätzen möglich wird, ist eine _____ welle erforderlich.

28. Typisch für ursprüngliche CVT-Getriebe war der Wegfall der _____ .

29. Man nennt die wichtigste Verbindung zwischen zwei Wellen eines CVT-Getriebes '_____ kette'.

30. Die Selbstverstärkung in einem Drehmomentwandler erfolgt hauptsächlich durch das _____ .

31. In einer herkömmlichen Reibungskupplung ist nur die _____ mit dem Getriebe verbunden.

32. Trotzdem ist sie _____ beweglich.

33. Eigentlich hat eine Kupplung zwei grundsätzliche Funktionen. Sie wird benötigt beim _____ und Schalten.

34. Wird das Kupplungspedal beim Schalten nicht ganz durchgetreten, so leidet das _____ .

35. Wird die Kupplung auch bei einer hydraulischen Betätigung trotz durchgetretenem Pedal nicht ganz ausgerückt, so genügt es meistens, den Mechanismus zur Betätigung zu _____ .

36. Die Betätigung erfolgt bei der normalen Reibungskupplung über die _____ feder.

37. Wird eine Kupplung auch noch über deutlich merklichen Verschleiß hinaus gefahren, so ist neben den üblichen Bauteilen meist auch noch das _____ zu erneuern.

38. Die Synchronisation schont man, indem man nicht zu _____ schaltet.

39. Ein durch die geöffnete Kupplung erreichbares Teil kann u.U. bei Defekt für eine teure Reparatur an Motor und Getriebe gleichzeitig sorgen. Gemeint ist ein gewöhnlich als _____ ausgeführtes Bauteil.

40. Federnde _____ sorgen in der Regel dafür, dass zwischen Belägen und Schwungrad bzw. Druckplatte möglichst viel Reibung besteht.

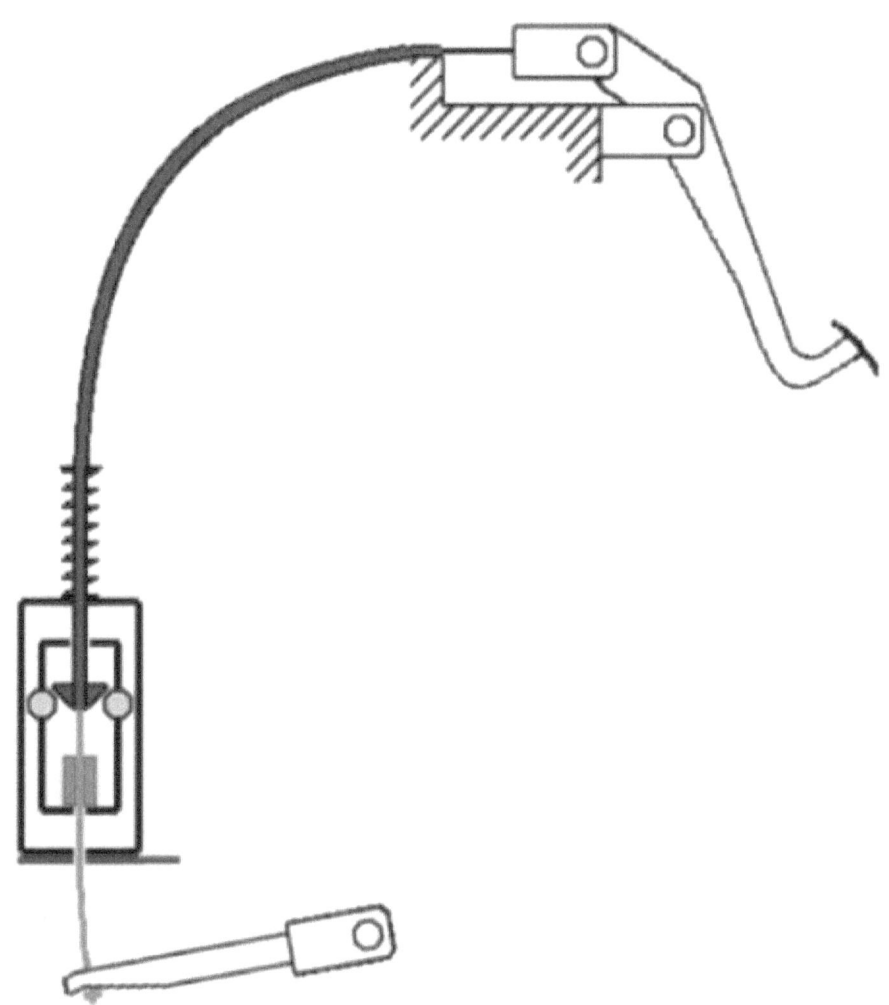

41. Diese Seilzug-Betätigung für die Kupplung stellt   nach.

42. Die Gehäuse von quer eingebauten Getrieben umfassen in aller Regel auch noch den   .

43. Um sie auszubauen, müssen zuvor die   entfernt werden.

44. Besonders gleichmäßig rundum anzuziehen ist beim Einbau einer Kupplung die   .

45. Zum Einbau der Kupplungsscheibe benutzt man am besten einen ⌐_____.

46. Um vor dem Einbau von Kupplung und Getriebe die Passgenauigkeit der Verzahnung zu prüfen, schiebt man am besten die ⌐_____ probehalber auf die Antriebswelle des Getriebes.

47. Baut jemand ganz unbedarft ein Automatikgetriebe samt Wandler aus, kann ihm relativ unerwartet ⌐_____ entgegenkommen.

48. Schwungräder moderner Motoren werden in letzter Zeit immer ⌐_____.

49. Das kommt z.T. daher, dass der ⌐_____ Aufgaben der Schwungscheibe übernimmt.

50. Sensoren, die z.B. die momentane Motordrehzahl abnehmen, sind verstärkt an der Schwungradseite zu finden, weil hier der größte ⌐_____ möglich ist.

51. Das Zweimassenschwungrad hilft, ⌐_____ zu vermindern.

52. Man sollte ein Zweimassenschwungrad mit den entsprechenden Einrichtungen ⌐_____, bevor man es evtl. unbegründet austauscht.

53. Ein klassisches Vierganggetriebe hat ⌐_____ schräg- und ⌐_____ gradverzahnte Räder.

54. Ein Gang gilt als geschaltet, wenn die Schaltmuffe in die ⌐_____ des Gangrades eingeklinkt ist.

55. Bei moderneren Handschaltgetrieben muss noch die ⌐_____ überwunden werden.

56. Die Folgen welchen Fehlverhaltens verhindert das Treten der Kupplung während des Motorstarts? Dass vielleicht noch ein ⌐_____ ⌐_____ ist.

57. Je nach Anordnung des Getriebes hinter dem Motor gibt es:
_____ und
_____ Getriebe.

58. Den Eingriff von zwei Zahnrädern ohne Gleichlauf verhindert die
_____ .

59. Gleichachsige Getriebe brauchen eine _____ welle.

60. Ein Overdrive ist ein zusätzliches _____ .

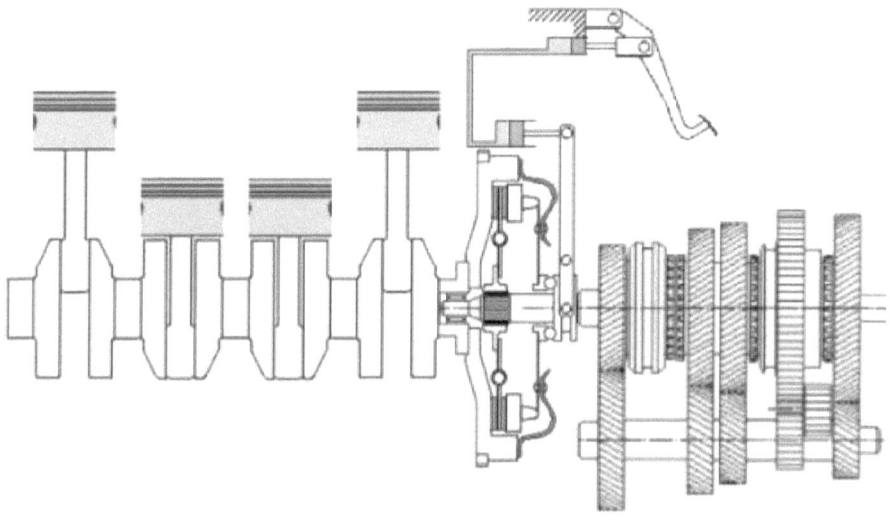

61. Hier ist gerade der _____ Gang eingelegt.

62. Unten ist ein _____ ganggetriebe in _____ stellung abgebildet.

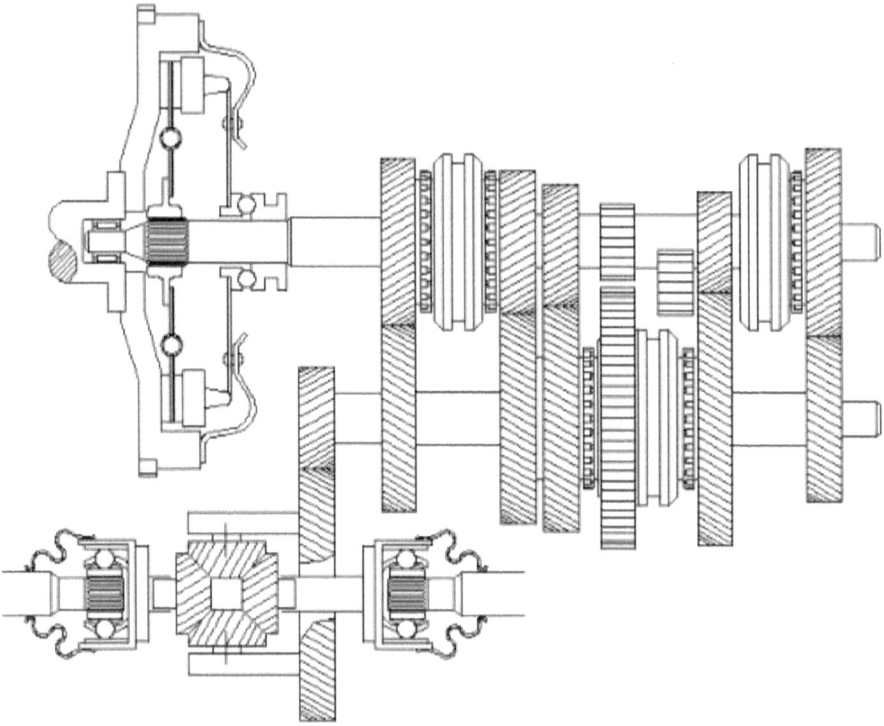

63. Die Antriebseinheit könnte ⌐ ⌐, ⌐ ⌐ oder in der ⌐ ⌐ eingebaut sein.

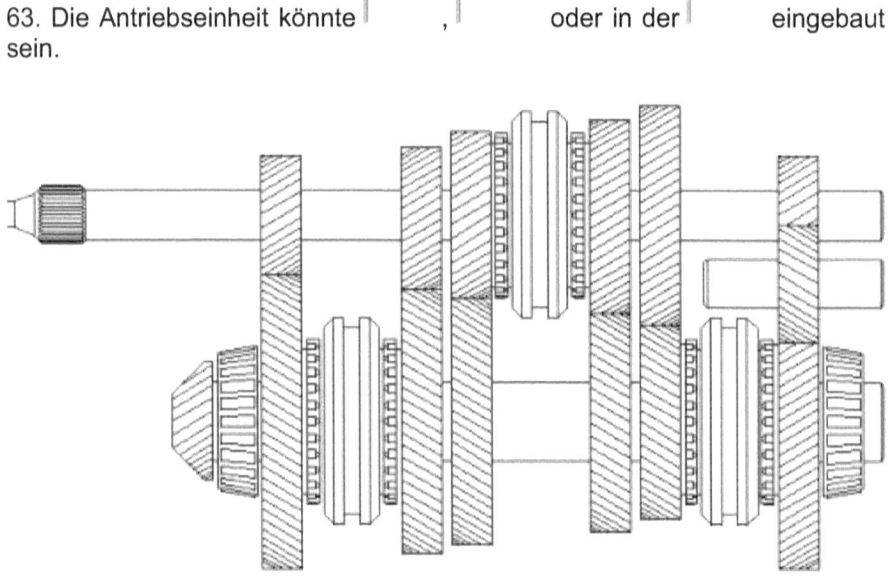

64. Dieses Getriebe hat einen _____ Rückwärtsgang.

65. Als Verbindung zwischen Mittelschalthebel und quer eingebautem Getriebe sind ein Schaltgestänge oder zwei _____ möglich.

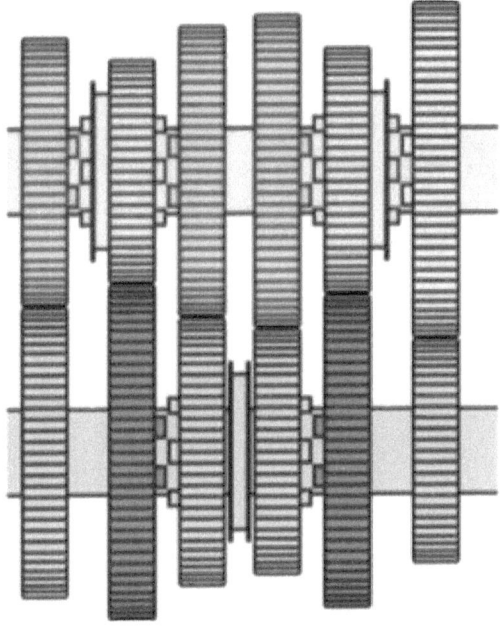

66. Das Getriebe am Motorrad ist besonders kompakt, weil es in der Regel als _____ getriebe ausgeführt ist.

67. Das ist eine ⌐   ¬ kupplung für ⌐   ¬ .

68. Lamellenkupplungen in Verbindung mit Fußschaltungen werden in ⌐   ¬ eingebaut.

69. Eine Fliehkraftkupplung rückt ein, wenn eine bestimmte ⌐   ¬ erreicht wird.

70. Der Hauptvorteil des Doppelkupplungsgetriebes ist, dass es keine Unterbrechung der ⌐   ¬ beim Schalten gibt.

71. Die Lamellenkupplungen bei diesem Getriebe können ⌐   ¬ oder ⌐   ¬ sein.

72. Hat ein Lkw-Getriebe mit Vor- und Nachschaltgruppe 12 Gänge, dann hat das Grundgetriebe ⌐   ¬ .

73. Die Nachschaltgruppe kann auch als _____ getriebe ausgeführt sein.

74. Die einzelnen Räder eines Drehmomentwandlers werden in der folgenden Reihenfolge vom Getriebeöl durchflutet:

        Pumpenrad

        _____ rad

        _____ rad.

75. Ein Freilauf ermöglicht in der einen Drehrichtung eine _____, in der anderen nicht.

76. Je mehr Drehmoment übertragen werden soll, desto _____ die Zahnräder.

77. Ein Planetensatz hat den Vorteil, besonders _____ zu sein.

78. Planetenräder können auch _____ verzahnt sein.

79. Der wohl am häufigsten vorkommende kombinierte Planetensatz ist der _____ satz.

80. Bei Getrieben für moderne Schlepper (Traktoren) spielt _____ eine große Rolle.

81. Getriebeöl wird in einen Drehmomentwandler hinein- und wieder herausgepumpt durch die eine Bohrung in der Getriebe   und in einem Zwischenraum um sie herum.

82. Ein Drehmomentwandler ist in der Regel auch nie   mit Öl gefüllt.

83. Im reinen Getriebeteil des Automatikgetriebes (Bild oben) gibt es im Prinzip nur Planetensätze und   .

84. Automatikgetriebe, besonders die von Lkw und Bussen, benötigen zunehmend   zum Kühlmittel hin oder Direktkühler.

85. Ein an jedem Verbrennungsmotor notwendiges, elektrisches Bauteil benötigt in der Regel ebenfalls ein Planetengetriebe, der   .

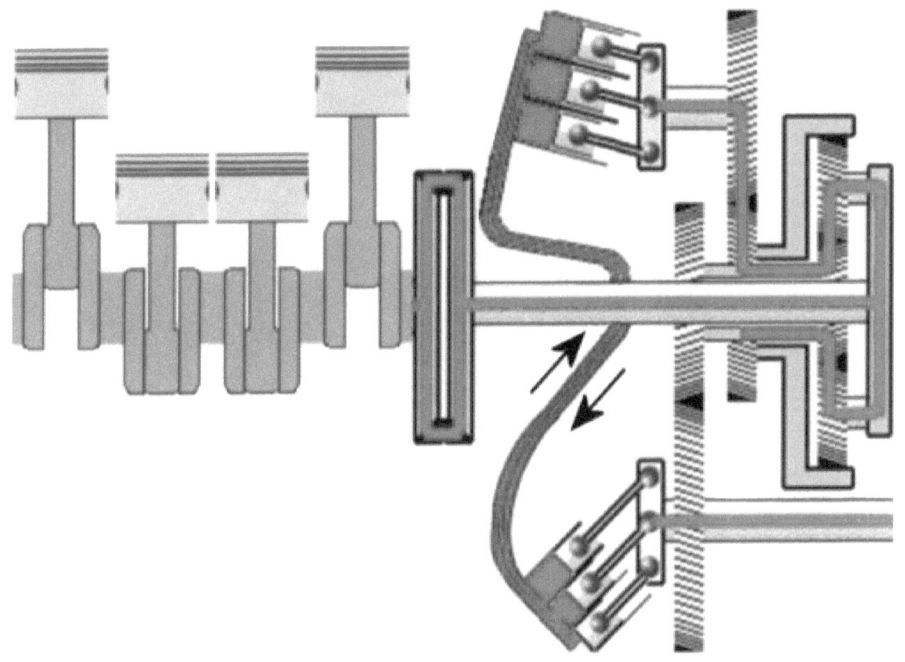

86. Wenn bei einem Schlepper schnelle Fahrt angesagt ist, kommt ein ̅̅̅̅ trieb zum Einsatz, für Komfort z.B. bei häufigem Wechsel zwischen Vor- und Rückwärtsfahrt die ̅̅̅̅̅̅ .

87. Elemente aus ⌐‾‾‾⌐ bilden die Grundlage bei einem Schubgliederband (Bild oben).

88. Ungewöhnlich für europäische Autofahrer/innen ist, wenn sich trotz Erhöhung der Fahrgeschwindigkeit die ⌐‾‾‾⌐ nicht ändert.

89. Allerdings kann auf diese Weise der Motor über eine lange Phase im Bereich des höchsten ⌐‾‾‾⌐ oder der höchsten Leistung bleiben.

90. Wird die Anforderung an das Drehmoment höher, kann der ⌐‾‾‾⌐ durch die beiden Kegelradhälften auf das Schubgliederband erhöht werden.

91. Auf diese Weise ergibt sich allerdings für so ein CVT-Getriebe ein umso geringerer ⌐‾‾‾⌐ .

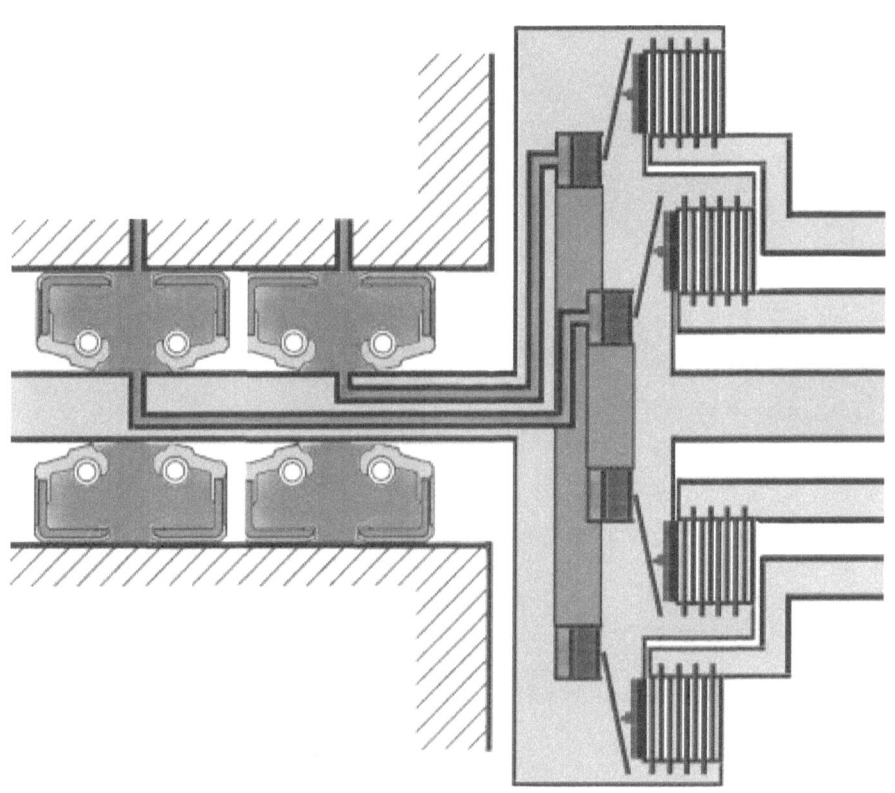

92. Die Zuführung von Drucköl zum Einrücken von Lamellenkupplungen bei Automatikgetrieben erfolgt in der Regel durch die _____ .

93. Ein markantes Teil in der Mitte des Bildes oben markiert die Bezeichnung für dieses Bauteil. Es handelt sich um eine ölpumpe.

94. Erhält ein Automatikgetriebe einen Elektromotor, so ersetzt der nicht selten den   .

95. Ein rein elektrischer Antrieb braucht in der Regel kein mehrstufiges Getriebe, besteht aber in der Regel wohl aus   Zahnrädern, das Ausgleichsgetriebe nicht mitgerechnet.

96. Bei einem (nicht Mild-) Hybridantrieb sind in der Regel zwei E-Motoren beteiligt, von denen mindestens einer auch als   arbeitet.

97. Es gibt neben dem Handschalt-, Doppelkupplungs-, Halbautomatischen-, stufenlosen und Wandlergetriebe noch das einfache   Getriebe.

98. Das einfache sequentielle Getriebe hat eine einfache _____ betätigte Kupplung. Der Gangwechsel erfolgt ebenfalls _____

99. Handschaltgetriebe können bis zu _____ Gänge haben, Automatikgetriebe momentan (2021) bis zu _____ .

100. Die große Zahl der Gänge wird für eine bisher beispiellose _____ auslegung genutzt.

▢❙❙❙ Lösung

1. Handgeschaltete Getriebe können im Pkw bis zu 7 Gänge haben.
2. Mit einem CVT-Getriebe ist es möglich, immer ideal an der maximalen Zugkraftlinie zu bleiben.
3. Bei ganz alten Automatikgetrieben ist die Steuerung rein hydraulisch.
4. Sehr modern sind hingegen konventionelle Getriebe, die durch eine Doppelkupplung und elektrische Gangbetätigung zu Automatiken geworden sind.
5. Getriebe, bei denen alle Gänge hintereinander liegen, werden auch als sequentiell bezeichnet.
6. Drehmomentwandler sind auch nicht mehr das, was sie einmal waren. Inzwischen haben sie fast alle eine Überbrückungskupplung, manche sogar mit mehr als einer Scheibe.
7. Auch der Elektromotor hat, meist anstelle von einem Drehmomentwandler, Einzug ins klassische Automatikgetriebe gehalten.
8. Der oben abgebildete Antrieb kommt allerdings meist ergänzend zu einem Frontantrieb hinzu.
9. Das Übersetzungsverhältnis wird berechnet, indem man die Zähnezahl des getriebenen Rades durch die des treibenden teilt.
10. Das H-Schema ergibt sich, weil beim Schalten von mehr als zwei Gängen die Schaltstangen gewechselt werden müssen.
11. Praktisch keine Übersetzung findet im Handschaltgetriebe im vierten oder fünften Gang statt.
12. Bagger mit Antriebsmotor im Drehteil verfügen meist über einen hydrostatischen Antrieb.
13. In einer hydraulischen Anlage wird der Schutz der Pumpe vor Überlastung von einem Überdruckventil gewährleistet.
14. Bei rein elektrischen Antrieben kommen in der Regel einstufige Getriebe vor.
15. Allerdings ist das Übersetzungsverhältnis so hoch, dass

meist vier statt nur zwei Zahnräder nötig sind.
16. Der Rückwärtsgang liegt z.B. bei Fünfganggetrieben vorne links, könnte aber auch hinten rechts angeordnet sein.
17. Ein Getriebe zwischen Motor und Kardanwelle verfügt über drei Wellen, die des Rückwärtsgangs nicht mitgerechnet.
18. Bei einem Getriebe mit Quermotor ist das letzte Rad im Kraftfluss ein Stirnrad.
19. Noch ganz selten, aber zunehmend, kommen Stirnräder auch bei Ausgleichsgetrieben vor.
20. Wenn in sehr seltenen Fällen in einem Getriebe eine Hohlwelle verwendet wird, dann geht da meist eine Welle durch.
21. Das höchste Drehmoment wird meist bei einer geringeren Motordrehzahl erreicht als die höchste Leistung.
22. Das Diagramm oben zeigt, bei welcher Drehzahl man schalten soll, um die maximale Leistung aus dem Motor herauszuholen.
23. Bei einem auf Schonung ausgelegten Getriebe ist die Spreizung in aller Regel höher.
24. Es ist nicht sichergestellt, dass man in wirklich jedem modernen Getriebe Zahnräder findet.
25. Bei einer Halbautomatik entfällt auf jeden Fall das Kupplungspedal.
26. Ganz moderne Betätigungen von Kupplungen können auch elektrisch gesteuert erfolgen.
27. Damit beim Direktschalt- oder Doppelkupplungsgetriebe eine Verbindung zwischen dem jeweiligen Kupplungsteil und den zughörigen Zahnradsätzen möglich wird, ist eine Hohlwelle erforderlich.
28. Typisch für ursprüngliche CVT-Getriebe war der Wegfall der Stufungen.
29. Man nennt die wichtigste Verbindung zwischen zwei Wellen eines CVT-Getriebes 'Schubgliederkette'.
30. Die Selbstverstärkung in einem Drehmomentwandler erfolgt hauptsächlich durch das Leitrad.
31. In einer herkömmlichen Reibungskupplung ist nur die Kupplungsscheibe mit dem Getriebe verbunden.
32. Trotzdem ist sie axial beweglich.
33. Eigentlich hat eine Kupplung zwei grundsätzliche Funktionen. Sie wird benötigt beim Anfahren und Schalten.
34. Wird das Kupplungspedal beim Schalten nicht ganz durchgetreten, so leidet das Getriebe.
35. Wird die Kupplung auch bei einer hydraulischen Betätigung trotz durchgetretenem Pedal nicht ganz ausgerückt, so genügt es meistens, den Mechanismus zur Betätigung zu entlüften.
36. Die Betätigung erfolgt bei der normalen Reibungskupplung über die Membranfeder.
37. Wird eine Kupplung auch noch über deutlich merklichen Verschleiß hinaus gefahren, so ist neben den üblichen Bauteilen meist auch noch das Schwungrad zu erneuern.
38. Die Synchronisation schont man, indem man nicht zu schnell schaltet.
39. Ein durch die geöffnete Kupplung erreichbares Teil kann u.U. bei Defekt für eine teure Reparatur an Motor und Getriebe gleichzeitig sorgen. Gemeint ist ein gewöhnlich als Nadellager ausgeführtes Bauteil.
40. Federnde Zwischenlagen sorgen in der Regel dafür, dass zwischen Belägen und Schwungrad bzw. Druckplatte möglichst viel Reibung besteht.
41. Diese Seilzug-Betätigung für die Kupplung stellt selbst nach.
42. Die Gehäuse von quer eingebauten Getrieben umfassen in aller Regel auch noch den Achsantrieb.
43. Um sie auszubauen, müssen zuvor die Antriebswellen entfernt werden.

44. Besonders gleichmäßig rundum anzuziehen ist beim Einbau einer Kupplung die Druckplatte.
45. Zum Einbau der Kupplungsscheibe benutzt man am besten einen Führungsdorn.
46. Um vor dem Einbau von Kupplung und Getriebe die Passgenauigkeit der Verzahnung zu prüfen, schiebt man am besten die Kupplungsscheibe probehalber auf die Antriebswelle des Getriebes.
47. Baut jemand ganz unbedarft ein Automatikgetriebe samt Wandler aus, kann ihm relativ unerwartet Getriebeöl entgegenkommen.
48. Schwungräder moderner Motoren werden in letzter Zeit immer leichter.
49. Das kommt z.T. daher, dass der Kurbeltrieb Aufgaben der Schwungscheibe übernimmt.
50. Sensoren, die z.B. die momentane Motordrehzahl abnehmen, sind verstärkt an der Schwungradseite zu finden, weil hier der größte Durchmesser möglich ist.
51. Das Zweimassenschwungrad hilft, Drehschwingungen zu vermindern.
52. Man sollte ein Zweimassenschwungrad mit den entsprechenden Einrichtungen prüfen, bevor man es evtl. unbegründet austauscht.
53. Ein klassisches Vierganggetriebe hat acht schräg- und drei gradverzahnte Räder.
54. Ein Gang gilt als geschaltet, wenn die Schaltmuffe in die Vorverzahnung des Gangrades eingeklinkt ist.
55. Bei moderneren Handschaltgetrieben muss noch die Sperrsynchronisation überwunden werden.
56. Die Folgen welchen Fehlverhaltens verhindert das Treten der Kupplung während des Motorstarts? Dass vielleicht noch ein Gang eingelegt ist.
57. Je nach Anordnung des Getriebes hinter dem Motor gibt es: gleichachsige und ungleichachsige Getriebe.
58. Den Eingriff von zwei Zahnrädern ohne Gleichlauf verhindert die Sperrsynchronisation.
59. Gleichachsige Getriebe brauchen eine Vorgelegewelle.
60. Ein Overdrive ist ein zusätzliches Zweiganggetriebe.
61. Hier ist gerade der vierte Gang eingelegt.
62. Unten ist ein Fünfganggetriebe in Leerlaufstellung abgebildet.
63. Die Antriebseinheit könnte vorne, hinten oder in der Mitte eingebaut sein.
64. Dieses Getriebe hat einen synchronisierten Rückwärtsgang.
65. Als Verbindung zwischen Mittelschalthebel und quer eingebautem Getriebe sind ein Schaltgestänge oder zwei Schaltzüge möglich.
66. Das Getriebe am Motorrad ist besonders kompakt, weil es in der Regel als Schaltklauengetriebe ausgeführt ist.
67. Das ist eine Zweischeibenkupplung für Lkw.
68. Lamellenkupplungen in Verbindung mit Fußschaltungen werden in Motorrädern eingebaut.
69. Eine Fliehkraftkupplung rückt ein, wenn eine bestimmte Drehzahl erreicht wird.
70. Der Hauptvorteil des Doppelkupplungsgetriebes ist, dass es keine Unterbrechung der Zugkraft beim Schalten gibt.
71. Die Lamellenkupplungen bei diesem Getriebe können trocken oder nass sein.
72. Hat ein Lkw-Getriebe mit Vor- und Nachschaltgruppe 12 Gänge, dann hat das Grundgetriebe zwei.
73. Die Nachschaltgruppe kann auch als Planetengetriebe ausgeführt sein.
74. Die einzelnen Räder eines Drehmomentwandlers werden in der folgenden Reihenfolge vom Getriebeöl

durchflutet: Pumpenrad, Turbinenrad, Leitrad.
75. Ein Freilauf ermöglicht in der einen Drehrichtung eine Verbindung, in der anderen nicht.
76. Je mehr Drehmoment übertragen werden soll, desto breiter die Zahnräder.
77. Ein Planetensatz hat den Vorteil, besonders kompakt zu sein.
78. Planetenräder können auch schrägverzahnt sein.
79. Der wohl am häufigsten vorkommende kombinierte Planetensatz ist der Ravigneauxsatz.
80. Bei Getrieben für moderne Schlepper (Traktoren) spielt Hydraulik eine große Rolle.
81. Getriebeöl wird in einen Drehmomentwandler hinein- und wieder herausgepumpt durch die eine Bohrung in der Getriebewelle und in einem Zwischenraum um sie herum.
82. Ein Drehmomentwandler ist in der Regel auch nie vollständig mit Öl gefüllt.
83. Im reinen Getriebeteil des Automatikgetriebes (Bild oben) gibt es im Prinzip nur Planetensätze und Kupplungen.
84. Automatikgetriebe, besonders die von Lkw und Bussen, benötigen zunehmend Wärmetauscher zum Kühlmittel hin oder Direktkühler.
85. Ein an jedem Verbrennungsmotor notwendiges, elektrisches Bauteil benötigt in der Regel ebenfalls ein Planetengetriebe, der Anlasser.
86. Wenn bei einem Schlepper schnelle Fahrt angesagt ist, kommt ein Zahnradtrieb zum Einsatz, für Komfort z.B. bei häufigem Wechsel zwischen Vor- und Rückwärtsfahrt die Hydraulik.
87. Elemente aus Stahl bilden die Grundlage bei einem Schubgliederband (Bild oben).
88. Ungewöhnlich für europäische Autofahrer/innen ist, wenn sich trotz Erhöhung der Fahrgeschwindigkeit die Motordrehzahl nicht ändert.
89. Allerdings kann auf diese Weise der Motor über eine lange Phase im Bereich des höchsten Drehmoments oder der höchsten Leistung bleiben.
90. Wird die Anforderung an das Drehmoment höher, kann der Druck durch die beiden Kegelradhälften auf das Schubgliederband erhöht werden.
91. Auf diese Weise ergibt sich allerdings für so ein CVT-Getriebe ein umso geringerer Wirkungsgrad.
92. Die Zuführung von Drucköl zum Einrücken von Lamellenkupplungen bei Automatikgetrieben erfolgt in der Regel durch die Welle.
93. Ein markantes Teil in der Mitte des Bildes oben markiert die Bezeichnung für dieses Bauteil. Es handelt sich um eine Sichelölpumpe.
94. Erhält ein Automatikgetriebe einen Elektromotor, so ersetzt der nicht selten den Drehmomentwandler.
95. Ein rein elektrischer Antrieb braucht in der Regel kein mehrstufiges Getriebe, besteht aber in der Regel wohl aus vier Zahnrädern, das Ausgleichsgetriebe nicht mitgerechnet.
96. Bei einem (nicht Mild-) Hybridantrieb sind in der Regel zwei E-Motoren beteiligt, von denen mindestens einer auch als Generator arbeitet.
97. Es gibt neben dem Handschalt-, Doppelkupplungs-, Halbautomatischen-, stufenlosen und Wandlergetriebe noch das einfache sequentielle Getriebe.
98. Das einfache sequentielle Getriebe hat eine einfache automatisch betätigte Kupplung. Der Gangwechsel erfolgt ebenfalls automatisch
99. Handschaltgetriebe können bis zu sieben Gänge haben, Automatikgetriebe momentan (2021) bis zu zehn.
100. Die große Zahl der Gänge wird für eine bisher beispiellose Schongangauslegung genutzt.

▢❘❘❘ Stichworte

Achse 210
Achse 76
Achsen 29
Aktuator 26
Ampel 19, 48, 65, 192
Angst 36
Anlauf 16
Anleitung 24
Anordnung 95, 96, 97, 101, 218
Antrieb 13, 24, 112, 204, 212, 214, 232, 257, 265
Anzeige 242
Arbeit 66, 71, 105, 227
Arbeitstakt 42, 66
Aspekt 74, 208
Audi 16
Aufteilung 262
Aufwand 5, 182, 188, 215, 229
Ausgang 112
Auslegung 157, 232
Auto 18, 19, 36, 47, 135, 150
Batterie 58
Baukastensystem 13, 260
Belag 142
Berechtigung 110
Berg 18, 91, 148, 150, 189
Beschädigungen 58
Betätigung 49, 86, 134, 144, 151, 155, 177, 192
Betriebszustand 86
Bewegung 12, 72, 86, 104, 130
Bezug 221
Blech 72
Block 222, 224
BMW 141, 168, 169
Bogenmaß 65
Bohrung 78, 129, 169, 202, 223
Chrysler 112, 215
Computer 242
Dampf 134
Dämpfung 68
Daten 7

Dauerleistung 260
Defekt 49
Demontage 45
Diagramm 21, 22, 23, 184
Dienst 4
Diesel 10
Druck 9, 31, 44, 134, 144, 202, 229, 230, 239, 240, 246, 248, 249
E- 257
E-Antrieb 16, 29, 135, 257, 258, 260
E-Auto 262, 264
Einbau 37, 61, 150, 152
Eingang 172
Einsatz 25, 242
Einspritzung 66, 134
Eintrag 66
Elektrifizierung 257, 258
Energie 204
Entwicklung 97
Erfahrung 18, 103
Ersatz 64, 152, 168, 260
Europa 5
Experiment 17
Fach 216
Feder 114
Fehler 75
Fläche 103
Formel 65, 136, 255
Führung 72, 115, 246
Füllung 262
Funktion 10, 110, 128, 147, 148, 255
Garantie 168
Gas 18, 48, 148, 192, 203
Geld 18, 168
Generator 65, 257
Gesamtübersetzung 76
Geschwindigkeit 18, 29, 76, 86, 91, 176, 180, 187, 222, 265
Gewalt 134
Gewicht 72

Golf 134, 144, 156
Grund 24, 74, 91, 128, 168, 203, 261
Grundlagen 74, 85, 94, 100
Hand 4, 5, 7, 59, 105, 155, 170, 235
Hebebühne 53
Hersteller 19, 47, 72, 150, 156, 168, 177, 261
Herstellung 105
Hitze 136
Höchstgeschwindigkeit 17, 19
Hub 223
Hybrid 5, 257, 265
Hydraulik 31, 34, 152, 178, 231
Information 55
Internet 170, 218
Interpolation 66
Isolation 70
Kälte 65
Karosserie 12, 57, 112
Kilometer 168
Klimaanlage 228
Kolben 44, 228, 247
Komfort 24, 150
Kompressor 228
Konkurrenz 5, 254
Kontakt 28
Kosten 197
Kraft 39, 44, 45, 144, 151, 200
Kraftfahrzeug 8, 10, 14, 36, 55
Kraftstoff 5
Kugellager 44
Kühlung 262 265
Kupplungen 5, 27, 36, 136, 137, 156, 169, 210, 215, 226, 246, 250
Kupplungsscheibe 37, 39, 40, 52, 59, 60, 61, 65, 70, 72, 90, 93, 135
Kurbel 123
Kurbelwelle 36, 42, 44, 60, 68, 71, 135, 141, 213, 229, 265
Lager 46
Langsamfahrt 13
Längsmotor 5, 56, 58, 95
Lärm 36
Lastwagen 177
Lebensdauer 19, 105, 262
Lehre 192
Leistung 17, 19, 23, 65, 254
Leitung 31, 246

Lenkrad 24, 81, 118, 122, 123
Lernende 216
Lkw 4, 13, 91, 137, 139, 176, 178, 180, 182, 187
Marke 168
massiv 129
Material 65, 244
Mechaniker 84
mechanisch 66
Meinung 265
Meldung 66
Membran 151
Mercedes 197
Metall 235
Methode 55, 114, 204
Mildhybrid 65
Mittelklasse 34, 254
Mittelpunkt 64
Mobilität 261
Modus 265
Motive 5
Motordrehmoment 178
Motordrehzahl 5, 76, 89, 102, 143, 191, 192, 198
Motorleistung 36, 242
Motorrad 136, 137
Motorraum 57
Motorstart 18
Neigung 44, 66
Neu 5
Notfall 59, 187
Null 232
Nutzen 95
Ökonomie 182
Öl 86, 87, 140, 157, 168, 199, 202, 204, 235, 244, 255
Ölwechsel 170, 262
Opel 55
OT 65, 66, 228
Personen 19, 47, 120
Pkw 4, 13, 42, 65, 81, 139, 180, 181, 183
Planeten 207, 208, 209, 214, 216
Platte 135
Praxis 19, 95, 183, 192, 208, 213, 257
Preis 167, 168
Presse 12
Prozent 255

Pumpe 229, 230, 232, 248
Quantum 148
Quermotor 5, 54, 56, 94, 95, 100
Rad 65, 79, 196, 248, 262, 263
Rahmen 254
Range 188, 189, 190
Rat 170
Raum 202, 207, 212
reduzieren 112
Regeln 242
Reibung 36, 51, 103, 105, 194, 240, 244
Reihe 86, 95, 130, 134, 188
Reihenfolge 94
Rekuperation 264
Reparatur 43, 45, 53
Richtung 44, 48, 52, 77, 91, 196, 232, 242, 245
Riementrieb 30, 65, 265
Risiko 168
Rolle 36, 128, 136
Ruhestellung 192
Sachsenring 123
Saugmotor 265
schalten 5, 23, 78, 84, 89, 114, 188, 250, 253
Schalter 48, 176, 189
Schaltgetriebe 13, 14, 86, 93, 150, 187, 203, 253, 264, 265
Schaltgetrieben 28, 119
Schaltung 58, 113, 264
Scheibe 36, 37, 64, 135, 142, 202
Schema 83, 111, 188
Schlupf 203
Schub 235, 236, 238
Schwingungen 42, 68, 70, 72, 237
Schwung 189
Schwungrad 37, 39, 40, 43, 44, 64, 65, 68, 69, 90, 135
Serie 95, 255
Serviceheft 168, 169, 170
Sicherung 115
Sitz 13
Skizze 192
Smart 264
Soll 37, 265
Spannung 237
Spiel 81, 115, 178
Spitzen 45, 46

Sportwagen 36, 223
Sprache 74, 134
Sprit 5, 22
Spritverbrauch 48
Stadt 48, 150, 260
Stand 110, 156
Standard 75, 94, 100
Start 65
Starter 70
Stau 18, 148
Steller 26, 66
Steuer 24, 150
Steuergerät 66
Straße 19
Strich 7, 66
Strom 196, 264, 265
Stromaufnahme 87
Stück 70, 257
Symbol 94
Temperatur 11
Tempo 65
Tipp 49
Tod 260
Toyota 5
Trabant 81, 123, 152
Truck 192
Überbrückungskupplung 5, 31, 197
Übersetzungsverhältnis 8, 9, 36, 76, 225
Umfang 39
Umkehrung 264
Ventil 151
Verbrauch 36, 151, 253
Verbrennung 69
Verbrennungsmotor 17, 18, 64, 151, 262, 265
Vergleich 119, 220, 226
Verluste 201
Vernetzung 5
Versuch 5, 196, 258
Video 123, 124, 133, 167, 168
Vorbereitung 159, 160, 163, 243
Vorstellung 217
VW 24, 150, 156, 169, 251, 262
Wärme 211
Warten 65
Wasser 114
Wechsel 25, 27, 112, 169, 187, 235, 255

Werkzeug 41, 53
Wicklung 66
Widerstände 231
Winkel 14, 21, 229, 230, 239
Wirkungsgrad 201, 209, 231, 265

Wissen 117
Zahl 5, 64, 100, 236
Zug 235
Zündung 65, 66, 134
Zylinder 64, 66, 69, 95, 134, 228, 229

▭||| Wenn Ihnen . . .

- das Buch gefallen hat, wäre es nett, wenn Sie eine Kundenrezension schreiben würden.
- das Buch nicht gefallen hat, wäre es nett, wenn Sie statt einer Kundenrezension eine E-Mail an harald.huppertz@t-online.de schreiben würden. Wir befassen uns mit der Kritik und schicken Ihnen entweder Korrekturen zu oder erklären Ihnen, warum wir auf Ihre Kritik nicht eingehen konnten, versprochen.

▭||| Alle gedruckten Bücher

Wenn Sie den Text unter dem Bild in Ihren Internet-Browser eintippen, kommen Sie automatisch zu der Seite, auf der das Buch angeboten wird.

kfz-tech.de/B32 kfz-tech.de/B30 kfz-tech.de/B33
kfz-tech.de/B34

kfz-tech.de/B12 kfz-tech.de/B28 kfz-tech.de/B11 kfz-tech.de/B31

kfz-tech.de/B35 kfz-tech.de/B01 kfz-tech.de/B36 kfz-tech.de/B37

kfz-tech.de/B38

kfz-tech.de/B07

kfz-tech.de/B39

kfz-tech.de/B40

kfz-tech.de/B26

kfz-tech.de/B29

kfz-tech.de/B15

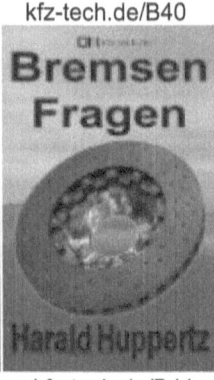
kfz-tech.de/B41

kfz-tech.de/B42

kfz-tech.de/B02

kfz-tech.de/B43

kfz-tech.de/B44

kfz-tech.de/B16

kfz-tech.de/B45

kfz-tech.de/B27

kfz-tech.de/B46

kfz-tech.de/B47   kfz-tech.de/B48   kfz-tech.de/B06   kfz-tech.de/B49

kfz-tech.de/B50   kfz-tech.de/B61   kfz-tech.de/B62   kfz-tech.de/B18

kfz-tech.de/B13   kfz-tech.de/B14   kfz-tech.de/B51   kfz-tech.de/B52

kfz-tech.de/B17   kfz-tech.de/B05   kfz-tech.de/B63   kfz-tech.de/B53

Mobilität	Motorsteuerung	Motormanagement	Physik
kfz-tech.de/B54	kfz-tech.de/B55	kfz-tech.de/B10	kfz-tech.de/B56
Prüfungsaufgaben Teil 1: 1 - 1000	Prüfungsaufgaben Teil 1: 1000-2000	Prüfungsaufgaben Teil 2: 1 - 1000	Prüfungsaufgaben Teil 2: 1000-2000
kfz-tech.de/B20	kfz-tech.de/B21	kfz-tech.de/B22	kfz-tech.de/B23
Psychologie	Reifen Felgen	Schmierung	Sensoren
kfz-tech.de/B25	kfz-tech.de/B57	kfz-tech.de/B04	kfz-tech.de/B58
Software	Telematik	Verbrennungsmotoren	Verbrennungsmotor
kfz-tech.de/B03	kfz-tech.de/B24	kfz-tech.de/B08	kfz-tech.de/B09

kfz-tech.de/B59   kfz-tech.de/B60   kfz-tech.de/B19   kfz-tech.de/B65

 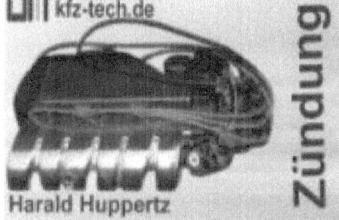

kfz-tech.de/B66   kfz-tech.de/B64